Andreas Frhr. von Nolcken

Ungar-Hirsche

Andreas Frhr. von Nolcken

Ungar-Hirsche

Aus meinem Jagdtagebuch

Zeichnungen und Aquarelle von
Dr. Peter Meile

Dem Tagebuch gemäß folgt dieses Buch der alten Rechtschreibung.

Inhalt

Zu diesem Buch

Die Grundlage dieses Buches sind meine Tagebuchaufzeichnungen, die abgesehen von kleinen stilistischen Glättungen hier wiedergegeben sind. Tagebuchaufzeichnungen sind sehr persönlich; sie sind in der Regel nicht für die Öffentlichkeit bestimmt und beinhalten oft Schilderungen und Ausdrücke, die nur dem Eingeweihten verständlich erscheinen. Der Gedanke, diese Aufzeichnungen dennoch in ein Buch zu fassen, entstand mit den hier wiedergegebenen Tusche- und Federzeichnungen von Peter Meile. Sie zeigen die Geweihe meiner Hirsche, die ich in der Zeit von 2006 bis 2012 in dem Revier Sárvár in West-Ungarn erlegte.

Die ebenfalls abgebildeten Aquarelle sollen einen Eindruck von diesen Hirschen in ihrem Lebensraum geben. Peter Meile kam im September 2013 nach Sárvár, um die Landschaft zu studieren und ein Gespür für sie und ihr Wild zu bekommen. Gemeinsam gingen wir die Orte ab, an denen ich die Hirsche erlegt hatte. Die Aquarelle versuchen, die Szene unmittelbar vor dem Schuss zusammen mit Stunde und Stimmung, Licht, Landschaft und Wetter einzufangen.

Ich freue mich, daß die Kunst Peter Meiles diesen Hirschen nun Rahmen und Erinnerung gibt.

Prolog

Als junger Mann las ich die Bücher der großen Ungarnjäger aus der ersten Hälfte des zwanzigsten Jahrhunderts. Ich las, wie Károlyi auf seinem Gut Tótmegyer Strecken von zehntausend Stück Niederwild erzielen konnte. Ich las von kapitalen Hirschen aus den Donauauen oder aus den Revieren des Grafen Draskovich. Pálffy beeindruckte mich mit seinen Schilderungen der Hirschbrunft in den unwegsamen Karpaten und Birschgängen, auf denen dem Jäger Bär, Keiler und Wolf begegneten. Ich kannte auch die Bücher von Széchenyi und las Nadler; seine Hirschgeschichten blieben mir ebenso in Erinnerung wie seine Erlebnisse um die Jagd in der Hortobágy. Trotz dieser vielen ausgezeichneten Jagdschilderungen war ein Funke auf mein eigenes Jagen nie übergesprungen.

Auf anderen grünen Blättern habe ich schon beschrieben, daß ich in eine unjägerische Familie hineingeboren bin. Die Nolckens sind in allen Generationen passionierte und auch große Jäger gewesen, selbst um mich herum waren Jäger, aber eben mein Vater gerade nicht. So konnte ich nichts Jägerisches mit der Muttermilch aufsaugen, sondern mußte mich darum bemühen und versuchen selber auszubilden, was an Passion und jägerisch genetischer Erinnerung in mir steckte.

Natürlich nutzte ich jede Gelegenheit, wo immer es ging, jagdliche Luft zu atmen, sei es bei meinem Forstmeisteronkel, sei es auf dem Gut der Verwandtschaft. Letztendlich mußte ich mir aber alle jagdlichen Möglichkeiten erkämpfen. Wen wundert es, wenn dann Bücher dazu dienen, sich in eine Zauberwelt, eine jagdliche Welt hineinzuspinnen. Und diese Welt hatte ich sehr schnell bei Cramer-Klett gefunden und wußte sofort: Das ist meine Jagd! So wollte ich jagen.

Jagd in den Bergen; auf sich alleine gestellt einem heimlichen Wild nachzustellen, in der Einsamkeit der wunderbaren Landschaft des Hochgebirges, verwurzelt in der Tradition der alpenländischen Jagd – das wäre meine Jagd!

Und sie wurde es. Rechenschaftsberichte darüber gibt es, zumal ich von Anbeginn konsequent ein jagdliches Tagebuch geführt habe.

Aus dem jungen Jäger wurde ein älterer. Ob ein alter Esel klüger oder dümmer ist als ein junger? Diese Frage kann sich auch für einen Jäger stellen. Jedenfalls scheint auch der ältere Jäger Verführungen und Einflüsterungen gegenüber anfällig zu sein. Und das kam so:

Marc ist ein junger Mann, mit dem mich eine jahrelange Freundschaft verbindet. Sie begann, als wir unter der Ägide von meinem Onkel Arved in Grabow im Wendland, der Marcs Großvater war, über viele Jahre jeden Sommer zusammen auf Rehböcke jagten. Marc sammelte dort noch als Schüler seine ersten jagdlichen Erfahrungen. Ich nahm Marc dann auch in mein Bergrevier mit. Er lernte die wunderbare Jagd im Hochgebirge kennen und erlegte seinen ersten Gams. Weitere folgten. Marc war für die Bergjagd gewonnen. Umso mehr wunderte mich eines Tages sein Ansinnen, nach Ungarn zur Hirschbrunft fahren zu wollen. Daß Marc endlich einmal einen Hirsch erlegen wollte, war verständlich. Bei unseren Ausflügen in die Berge war ihm nie dies Weidmannsheil vergönnt gewesen. Ich sagte zu Marc: „Nimm dir eine Woche im September Zeit, wir fahren in mein Revier im Salzburgischen, und es müßte schon sehr dumm gehen, wenn du nicht deinen ersten Hirsch erlegen würdest." – „Nein", war seine Antwort, „alles schön und gut, aber ich will einen starken Hirsch erlegen, und das wollen wir zusammen machen, und deshalb lade ich dich auch auf einen guten Hirsch ein!"

Ich sollte nach Ungarn fahren zur Hirschjagd?! Ich, der diesen Jagdtourismus immer belächelt hatte und dieses nie als Jagd hatte gelten lassen. Ich zögerte und zierte mich. Doch Marcs Drängen wurde nachdrücklich, und so willigte ich schließlich ein, denn der September war noch weit. Wer wußte, was bis dahin noch alles geschehen würde, und vielleicht würde Marc, der versicherte, alles zu organisieren, im Umgang mit Vermittlern usw. usw. die Lust verlieren und mir schließlich doch dann dankbar in die Berge folgen.

Zehn Kilogramm sind zehn Kilogramm. Dennoch kann die Vorstellung, was sie beinhalten, recht unterschiedlich sein. Die Vorstellung mag vom Kartoffelsack über Ab- oder -zunahme von Körpergewicht bis hin zum zehnkiloschweren Goldklumpen des Hans im Glück reichen. In meine Gedankenwelt trat dieses Gewichtmaß von zehn Kilo nachhaltig erst mit der Konkretisierung von Marcs Ungarn-Plänen. Marc wollte einen „ordentlichen" Hirsch erlegen, mindestens so einen, wie sein Großvater Arved an seiner „juten Wand" hatte, und damit waren wir bei Gewichten und bei zehn Kilo.

Meine Frau fragte mich ein wenig nachdenklich: „Sag einmal, eigentlich sind doch die Hirsche schwerer, oder sind die in Ungarn so klein?“ Ich konnte sie aufklären: Geweihgewichte. Und weil Marc nun ein reizender Mensch ist und eben gemeint hatte, diese Jagdfahrt nicht alleine machen zu wollen, buchte er gleich zwei Zehn-Kilo-Hirsche. Einen für sich und einen für mich und bestand darauf, mich unbedingt darauf einladen zu wollen. Ich muß mir vielleicht heute den Vorwurf machen, daß ich ihn nicht nachdrücklich genug darauf aufmerksam machte, was zehn Kilo Geweihgewicht bedeuten. Vor fünfzig Jahren war das noch rekordverdächtig. Marc ließ sich aber nicht irre machen, wenn schon denn schon, bestand auf zwei Mal zehn Kilo, unterschrieb einen Vertrag mit dem Jagdvermittler Diplom-Ingenieur P. und schaute frohlockend dem September entgegen.

Der Herr Diplom-Ingenieur hatte ein Jagdrevier gefunden, in dem die Vorstellungen des jungen hirschpassionierten Jägers ebenso gewährleistet sein sollten wie die nötige Abgeschiedenheit, die es einem misanthropischen Baron ermöglichen würde, seine Inspiration zu finden (so wurde ich geschildert). Diplom-Ingenieur P. versicherte in vielen Telefonaten, daß beides gegeben sei. Dazu sei der Augenblick der Anreise zum Brunftgeschehen ideal gewählt. Meine anfängliche Skepsis begann sich in Interesse zu wandeln. Die Spannung wuchs, je näher der Tag der Tage rückte. Ich kaufte Karten und Reiseführer, lernte, daß man in Ungarn mit Bier nicht anstößt, weil die Österreicher nach der 1848er-Revolution mit Bier auf die Niederlage der Ungarn tranken, studierte Kunstführer, was sich als völlig überflüssig erweisen sollte, und sortierte schließlich die ungarische Jagdliteratur, die es galt, zur Einstimmung erneut zu lesen und mitzunehmen.

Sárvár, 21. – 27. September 2006

Der 20. September war da. Marc reiste in schwarzer Geschäftslimousine mit verdunkelten Scheiben an. Im Gepäck führte er nicht nur Bockbüchsflinte und licht- und vergrößerungsstarke Hensoldt-Gläser, sondern auch eine Schichttorte, die seine Frau liebevoll gebacken hatte und auf der stand: Mindestens zehn Kilo! Dies bezog sich nicht auf die Schichttorte, sondern auf den Hirsch, der einen von der Torte anlächelte und den es zu erlegen galt, natürlich deren zwei. Bei mindestens acht Kilo lag meine Vorgabe, denn meine Frau hatte mir inzwischen auf den Weg gegeben: „Komm mir ja nicht unter acht Kilo nach Haus!" Was immer das auch heißen mochte. Mit diesen Vorgaben im sonst reichlichen Gepäck starteten wir in der Früh des 21. September gen Osten. Was wir vergaßen, schmerzte uns fünf Tage lang, speziell zur Teezeit: die Schichttorte. Wir merkten es bei Aschau, wobei ich mich nicht mehr erinnere, was die Torte mit Cramer-Klett zu tun hatte. Vorwärts! Um halb drei sollten wir in Sárvár sein. Natürlich für den Abendansitz. Vielleicht würde Marc ja bereits am Abend den Hirsch schießen, ich am nächsten Morgen, dann könnten wir zurückfahren und die Schichttorte zu Hause essen. Also brauchten wir eh nicht umzukehren.

Das Tempolimit in Österreich liegt bei 130 Kilometer pro Stunde. Marc hat es, glaube ich, so verstanden, daß die Durchschnittsgeschwindigkeit nicht über 130 liegen darf. Selbst die überschritten wir deutlich. Wir durchflogen Österreich und passierten ohne jede Kontrolle die ungarische Grenze. Dank der staatskarossenhaften Federung von Marcs Audi A8 wurde auch die Landstraße erster Ordnung (bei uns letzter Ordnung) in schwebender Fahrt genommen, vorbei an Sopron und dem Esterházy-Schloß bis nach Sárvár. In Sárvár wartete die „bitta schön, nigelnagelneue, kleine, erstklassige, picobello Pension Gabriele" auf uns. Im letzten Augenblick hatte mich noch die Muse geküßt, und ich hatte Marc gebeten, den Herrn Diplom-Ingenieur nach einem Jagdhaus oder zumindest einer Privatunterkunft zu fragen. Unterkunft in einem Hotel, wenn man zur Jagd geht – stilloser Gedanke! Ich wollte an so etwas gar nicht denken. Es hätte mich zur augenblicklichen Umkehr bewegen können.

Marc beruhigte mich. Es sei für alles gesorgt. Trotzdem war hier der Treffpunkt vereinbart, vor der „picobello Gabriele“, von wo es weitergehen sollte. Wir wurden von einer charmanten Dame abgeholt und zum Hause des „Präsidenten“ geführt, wo sie sich als Gattin entpuppte. Hofgebäude, Landhausvilla im rustikalen „Feldsteinstil“, dann ein freundlicher, gewandter, gut Deutsch sprechender Fünfziger mit einem durchschaubar undurchschaubaren Gesicht. Nach dem Austausch der ersten Höflichkeiten erfuhren wir bei einer Tasse Tee auf der Terrasse einiges über Revier und Wild. Zu allem krächzte ein Eichelhäher im Käfig, der gerade aus dem Maul des Vizslas gerettet worden war.

6.800 Hektar, Rotwild, Schwarzwild, Rehe auch, aber nicht so stark. Zur Bestätigung dessen wurde uns ein Gehörn gezeigt: 610 Gramm heute noch; von Sauen fast der ganze Schädel abgefressen. Es wurde in einer Wildererschlinge gefunden. Wir waren uns einig, wenn so einer käme, ließen wir jeden Hirsch stehen… Noch ein paar Fotos von gewaltigen Hirschen, die aber gegen die Besonderheit des Rehbocks vor unseren Augen verblassten. Unser Gastgeber Gábor ist Präsident dieser genossenschaftlichen Jagd, bei der er und seine Frau, ebenfalls eine diplomierte Forst- und Jagdwirtin, Genossen mit nahezu 1.000 Hektar sind. Wer nun von wem, die Genossenschaft von den Hirschen oder der Herr Präsident von der Genossenschaft oder direkt von Hirschen lebt, ließ sich nicht feststellen. Es war auch nicht so entscheidend, so daß die Klärung dieser Frage einem weiteren Besuch vorbehalten bleiben konnte.

Dann plötzlicher Aufbruch, der „Präsident“ hatte Pflichten, und seine zierliche Gattin bedeutete uns, unser Quartier stände nun zur Verfügung. Wir fuhren in die nahe Ortschaft Csénye, wo ein reizendes weißes, reetgedecktes Häuschen für uns bereit stand mit einer großen separaten ebenfalls reetgedeckten Garage, in der wir sicher unsere auffällige Staatskarosse verstecken konnten. Der Platz im Hause war gemessen an der Garage deutlich geringer, aber für zwei Personen, die eigentlich nur schliefen und aßen, mehr als ausreichend. Die Hausfrau, die uns freundlich begrüßte, verabschiedete sich sogleich wieder, nachdem sie uns mit wenigen Worten, die wir eh nicht verstanden, eingewiesen hatte. Wir haben sie nie wiedergesehen. Eine Stunde später kam noch ein Barterter, der eine Mikrowelle brachte, womit er uns deutlich überschätzte, und mit „ok, ok, ok“ verschwand. Zum Glück wußte er, wo der Hauptschalter für den Strom war.

Sonst wäre seine Mikrowelle sinnlos gewesen, aber nicht nur die. Der Verzicht auf dieses Gerät fiel uns in den nächsten Tagen nicht schwer.

Nun galt es, ein wenig die Dinge zu ergründen. Marc behauptete, ich würde in jedem Haushalt gleich wissen, wo die wichtigen Dinge sind. Das mag schon stimmen. Ich fand allerdings keine Teekanne. In Sárvár besorgten wir das, was wir glaubten zum Leben haben zu müssen, unter anderem auch eine Teekanne, sprich eine Thermosflasche. Sonst in erster Linie Mars, Bounty, Wein, Bier. Dazu Käse, Joghurt, Schinken, sogar ein Brot. Schmerzlich kam uns wieder zum Bewußtsein, daß wir die Schichttorte vergessen hatten. Vielleicht war es das, was uns dann ab dem zweiten Tag außer Haus ins Restaurant zwang. Doch der Reihe nach. Um 17 Uhr 30 (die nächsten Tage um 17 Uhr) standen die Jäger vor der Tür. Zu viert in den Jagdwagen gezwängt und fünfundzwanzig Kilometer über Ikervar, Sótony, Nyögér gen Süden gefahren. In dem Ort mit dem unaussprechlichen Namen Bejcgyertyános bogen wir rechts hinab in die breite Aulandschaft entlang des Flusses Rába. Jäger János und ich wurden abgesetzt, Marc verschwand mit Petr. Ihr Ansitzplatz lag zwei Kilometer weiter südlich. János bekundete mir: „Hirsch schlafen in Wald, wir probieren, wenn rufen.“ Ich verstand.

Nun bekam ich den ersten Eindruck von der Aulandschaft dieses Revieres. Es erstreckt sich in einem drei bis fünf Kilometer breiten Streifen entlang des Flusses Rába über eine Länge von nahezu zwanzig Kilometern. Diese Form des schmalen Handtuchs ist wenig günstig, doch da der Fluß viele tote Arme mit breiten Sumpf- und Schilflandschaften bildet, findet gerade das Rotwild Deckung, Ruhe und vor allen Dingen Wasser selbst auch in sehr trockenen Sommern. Das Wasser wirkt wie ein Magnet. Der Fluß Rába tritt ein- oder gar mehrmals im Jahr über die Ufer und überschwemmt Teile des Revieres, die somit kaum zu bewirtschaften sind, sich selbst überlassen bleiben und einen idealen Lebensraum für Rot- und Schwarzwild bilden. Es gibt auch intensiv genutzte landwirtschaftliche Flächen, die von dem Wild ordentlich heimgesucht werden, wie wir uns vorstellen konnten. Die forstliche Bewirtschaftung hält sich in Grenzen, zweihundert Hektar Eichenwald wurden vor vierzig Jahren angepflanzt, doch sonst schien der Wald sich selbst überlassen. Akazien überall.

Nachdem János und ich bei dieser ersten Birsch Wiesen gequert hatten, schloffen wir in den Bruch ein, krochen unter Büschen und Ästen durch, stiegen über querliegende Bäume, drohten im Morast zu versinken – und dann meldete ein Hirsch. Eine gute Stimme. Klang verdammt nach 10 Kilo – jedenfalls für mich als Bergjäger. Der Hirsch zog umher und wir hinterher. János prüfte immer wieder den Wind. Die Sicht in dem Erlen-, Weiden-, Akaziendickicht betrug höchstens fünfzehn Meter. Der Hirsch und wir bewegten uns im Kreise, manchmal näher, manchmal weiter. Wir kamen an eine Mulde, in der Wasser gestanden hatte und Suhle neben Suhle war. Hier hatten wir Sicht – hier wäre ich stehen geblieben, doch János birschte weiter. Kaum hatten wir die Mulde verlassen, schrie der Hirsch in absoluter Nähe, und schon schob er sich auf zehn Meter aus den Stauden. Wir standen gedeckt, ich hielt die Doppelbüchse in der Hand, und im nächsten Augenblick hatte ich den Hirsch im Zielfernrohr, das auf diese Weitschußentfernung eher hinderlich war. Vorsorglich hatte ich die Vergrößerung ganz hinuntergedreht. Ich wartete auf János‘ „Schießen!“ Für meine Begriffe mußte es kommen. So eine Aktion bedeutet „Hopp oder top“. Bei der Stimme konnte am Alter nicht viel fehlen. Aber János hatte natürlich recht, es fehlte an den Kilos. Wir hatten ja 10 Kilo geordert und dieser „nur 7 Kilo haben“… Der Hirsch hatte von uns etwas eräugt oder mein fragendes „Schießen??“ vernommen. Er zog auf uns zu. Verhielt auf drei Meter – und brach fort. János‘ „Schießen!“, wie es jetzt kam, war deutlich zu spät… Er meinte tröstend, „Genügend Hirsche hier“. Ich glaubte es und freute mich an dem Erlebnis.

Wir suchten uns einen Platz an der Mulde zum Sitzen und warteten. Was sollten wir auch sonst tun? Tatsächlich zog ein junger suchender Hirsch, der aber Wind bekam. János wartete die absolute Dunkelheit ab. Ich wäre gerne mit Gedanken an die Schlieferei früher gegangen. Wie wir aus diesem Dickicht einigermaßen ohne Äste im Auge oder im Morast zu versinken hinausfanden, ist János‘ Geschicklichkeit zu verdanken. Sie ließ auf eine Wilderervergangenheit schließen, was mir später auch der Herr Präsident bestätigte. Marc und Petr kamen spät zum Treffpunkt. Sie hatten bis zur vollen Nachtblindheit gesessen und trotzdem nichts gesehen. Zurück zum Häuschen. Käse, Brot, Schinken, ein Bier, ein Rotwein. Das war‘s. Wecker um vier Uhr, Tee und Marmeladenbrot. Um fünf Uhr standen János und Petr wieder vor der Tür. Es galt nun, wie uns bereits von Diplom-Ingenieur P. im Programm angekündigt, in die Nacht hineinzuhören, unter den Stimmen auszuwählen – und dann ginge es los…

Erst einmal ging nicht so viel los. Die Brunft neigte sich hörbar dem Ende zu. Junge Hirsche meldeten, aber mit Tagwerden verstummten auch sie. Lediglich der eine oder andere Trenzer war noch aus den Einständen zu vernehmen. Marc hatte an diesem Morgen das Erlebnis seiner Erlebnisse dieser Tage. Im Frühlicht auf einhundertfünfzig Meter stand der wohl wirklich als kapital zu bezeichnende Althirsch. Petr vergaß alle jägerischen Manieren, zischte „Schießen, schießen!" und zog Marc an Kleidern und Rucksack. Der Hirsch verhoffte unter einer Eiche, halb gedeckt von Büschen, dazu Gräser vor dem Gewehr, und Marc tat das einzig Richtige: nicht zu schießen. Einmal wendete der Hirsch das Haupt, Enden blitzten in Höhe und Auslage, wo eigentlich kein Geweih mehr sein konnte. Ich weiß nicht, ob ihm schon in diesem Augenblick der Gedanke durch den Kopf schoß: Das bekommen wir gar nicht ins Auto. Jedenfalls trösteten wir uns später mit diesem Argument… Petr war sauer, Marc auch. Er tat aber das einzig Richtige und stellte seinen Führer zur Rede und sagte ihm „So nicht!" Wir haben Petr nie wiedergesehen.

Bei mir verlief der Morgen unspektakulär. János war der geborene „Staudenschliefer". Ziemlich sinnlos krochen wir durch die Wildnis, ohne einen Hirsch zu hören. Einmal sahen wir eine Akazie sich unter den Schlägen eines Geweihes bewegen, doch von dem Hirsch sahen wir nichts. Er wich deutlich leiser vor uns fort, als wir ihm folgten. Das Bemerkenswerte dieses Morgens lag für mich darin, daß wir genau an unserem Treffpunkt mit Marc aus dem Dickicht traten. Der untrügliche Ortssinn des sich im Dickicht bewegenden Wilderers.

Wieder ein herrlicher Sommertag, wie alle diese Tage, die alle mitgebrachten Utensilien wie Mantel, Handschuhe und Pullover überflüssig machten. In unserem Häuschen frühstückten wir, legten uns schlafen, um irgendwann mittags aufzustehen, sehnsuchtsvoll an die Schichttorte zu denken, klimatisiert nach Sárvár zu fahren, dort im Penny neue Mars-Vorräte zu kaufen, im Antiquariat nach deutschen Büchern zu schauen und den Ort zu ergründen. Sárvár hat eine Burg, deren Besichtigung wir aber auf einen späteren Besuch verschoben. Wir waren ja der Hirsche wegen hier.

Siebzehn Uhr: „Neuer Begleiter“ für Marc, wie er sich selber nannte, vor der Tür. Bei mir Ansitz an schönen Auwiesen, viele Rehe, spät zwei junge Hirsche. Marc mit „neuem Begleiter“, der sich als erfahren und kompetent entpuppte, auf der Suche nach dem Altkapitalen. Robi, so des jungen Mannes Name, ist mit seinem Schwiegervater, den wir noch kennenlernen werden, Berufsjäger. Er läßt sich von Marc den Platz des Morgens zeigen und nimmt alle anfänglichen Vorwürfe „Warum nicht schießen?!“ zurück und sagt „Nicht schießen dürfen!“ Marc ist nun auch vor den Jägern rehabilitiert, worauf es eigentlich nicht ankommt. Nochmals hohe Anerkennung für Marc. Ich weiß, wie leicht man sich durch so ein Gedrängle zum Schuß verführen lassen kann. Bier und Rotwein zum Abend und zeitig ins Bett.

Der Morgen bringt wenig Neues. Bei Marc einen jungen Hirsch, bei mir sechs junge, teilweise sehr gute Hirsche im Mais. Dazu einen Kronenspießer. An diesem Morgen habe ich das erste Stück Kahlwild gesehen. Das Verhältnis von Hirsch zu Tier sollte in diesen Tagen annähernd so bleiben. Wir beide haben mehr Hirsche als Kahlwild gesehen. Wieder Frühstück auf der Terrasse in der Sonne. Schlaf bis in den Mittag, dann, um von Mars und Bounty im Wechsel mit Brot und Käse wegzukommen, ins Restaurant.

Ich hatte bereits eines im Auge gehabt, das sich als gut, freundlich und deutschsprechend erwies und zu unserem mittäglichen Stammlokal wurde. Die Forelle schmeckte zwar fremdartig, und Marc klagte nach Pilzen und Nudeln über Magendrücken, aber das war wohl immer noch besser als das „Kurzgebratene vom Fettschwein“. Apropos Fettschwein, das Fett sammelt sich auch um die Leiber der Ungarn. Wohlstand hin oder her. Die teilweise hübschen Mädchen und jungen Frauen scheinen baucherte Männer zu lieben. So waren Marc und ich auch nie in Gefahr, von irgendwelchen Blicken gestreift zu werden, es sei denn, daß wir in Staatskarosse Audi A8 auf Breitreifen mit Silberfelgen und Schweizer Niedrigkennzeichen vorüberglitten.

Heute wäre für Schichttorte keine Zeit mehr geblieben. Siebzehn Uhr. Robi stand vor der Tür mit „Após“, das heißt Schwiegervater, mit Namen Gyula. Wenn ich bisher das Gefühl hatte, das mich jagdlich auch ein wenig unbefriedigt ließ, im Rahmen eines Beschäftigungsprogramms herumgeführt worden zu sein, so wurde nun alles anders. Von nun ab fuhr jeder mit seinem „eigenen" Lada die fünfundzwanzig Kilometer ins Revier, was sich erfreulich auf die Kilometerleistung auswirkte – erfreulich allerdings nur für die anderen, denn die kassierten für jeden Kilometer einen Euro. Marc versuchte Robi zum Kurvenschneiden zu überreden, um so wenigstens den einen oder anderen Euro herauszuschinden. Robi zeigte sich hier wenig flexibel. Mit „Após" fuhr ich nun in die besseren Teile, das merkte ich gleich. Durch die wunderbare Aulandschaft mit Wiesen und Wäldchen, Erlen, Weiden und Akazienhorsten hoppelten wir und schlingerten in Schräglage durch halbmetertiefe Löcher einem Ziel entgegen, das ich nicht kannte, von dem ich aber ahnte, daß es interessant würde. Após führte mich an einen schmalen umgepflügten Ackerstreifen. Hinter uns Bruch, vor uns Bruch, Tümpel, Wasser, Schilf. Wir saßen noch nicht lange, da ließ mich eine Hirschstimme hinter uns beinahe erzittern. Nicht fern, aber doch nicht nahe, auch gefühlsmäßig. Das war noch nicht mein Hirsch – jedenfalls heute noch nicht.

Bei vollem Licht zog ein junger Achter auf den Acker, der mir in den Bergen eine willkommene und hochgeschätzte Beute gewesen wäre. Hier und jetzt natürlich keines Blickes wert, zumindest für Após. Wenig später wechselte ein stärkerer Hirsch aus dem Bruch, bei dem es mich gewaltig riß. Ungerader Zwölfer, einseitige Krone, nicht ganz jung. Após meinte auch sieben bis acht Jahre, aber nur sechseinhalb Kilo. Ich sagte wortwörtlich: Das ist mir doch egal und griff zur Büchse. „Du können schießen, wenn wollen, aber ich nicht sagen; denn starker Hirsch hinter uns und vielleicht kommen." Deutlich unwillig stellte ich das Gewehr zurück und fügte mich innerlich murrend. Der Hirsch verschwand. Mit ihm das wunderbare Bild; es blieb eine Enttäuschung, die sich in den folgenden achtundvierzig Stunden noch verstärkte. Ich hätte mit dem Hirsch eine Mordsfreude gehabt. Após schien das wenig zu kümmern. Ich fand auch kein Zeichen an ihm, daß er diesen Entschluß bereute, wenn wir bei den nächsten drei Ansitzen und Birschen keinen jagdbaren Hirsch in Anblick bekamen.

Zurück zum Abend. Der Zwölfer war weg, die gute Stimme war noch ein, zwei Mal zu hören, dann wurde es dunkel, und wir gingen zurück zum Auto. Zum Glück war Após kein Staudenkriecher wie mein János. Dieses Mal über einen anderen Weg „zurückgeladat". Alle Achtung für diesen kleinen russischen Wagen. In einem Cayenne oder sonst einem „Off Road“ wären wir schon im ersten Loch stecken geblieben. Bei der Ankunft an unserem Häuschen wieder artig Kilometer notiert. 1 Kilometer = 1 Euro. Marc hatte am Abend nochmals einen Versuch auf den Altkapitalen gemacht und sogar ein Angebot auf einen reifen Achteinhalb-Kilo ausgeschlagen, der irgendwo auf einer Wiese meldete und zu sehen war, was dank moderner Telekommunikation Robi in das Handy geflüstert wurde. Ich warnte Marc, sich auf das Fabelwesen des ersten Morgens zu kaprizieren. So, wie wir hier jagen, sei die Ausschließlichkeit nicht möglich.

Der Sonntag brachte, wie schon erwähnt, wenige Erkenntnisse. Ein Sonnenmorgen, ein paar junge Hirsche meldeten, um mit Tagesanbruch wieder zu verstummen. Bei Marc war es nicht anders. Após und ich fährteten um das Gebiet unseres gestrigen Ansitzes ab, ohne aber eine wirklich starke Fährte zu finden. Frühstück auf der Terrasse, Mittagsschlaf und Besuch in unserem Stammlokal. Heute mit Diätsalat. Zum Glück hatte Marc Kohle-Tabletten dabeigehabt, deren Einnahme mir ein ruhigeres Leben verschaffte. Marc bestellte sich das „Fettschwein“, vielleicht war es auch nur das Fettferkel…

Nach der Rückkehr zum Häuschen beehrten uns der Herr Diplom-Ingenieur und der Herr Präsident. Es wurde ein anregendes Gespräch über Wild, Hege und den Gedanken der Auslese, der hier hochgehalten wird. Ich äußerte meine üblichen Bedenken, fügte mich aber den mit Kompetenz und aus Erfahrung sprechenden Argumenten. Gut, Frevert hat in Rominten natürlich auch etwas bewirkt.

Der Großteil der starken Hirsche ist lediglich zur Brunft in dem Revier. Das besagt aber nicht, wie der Präsident ausführte, daß die Hirsche nicht bekannt sind. Manche tauchen Jahr für Jahr zur Brunft auf. Wo sie danach bleiben und wo sie die Kolben- und Feistzeit verbracht haben, läßt sich nur vermuten. Sie scheinen vom Süden Ungarns aus den großen Revieren an der Drau zu kommen. Es erfordert viel Kenntnis und noch mehr Disziplin, Hirsche an der Grenze zur Reife nicht zu erlegen und zu hoffen, sie im nächsten oder gar übernächsten Jahr wiederzusehen. Der Lohn einer solchen Haltung und Hege sind kapitale Hirsche, wie wir bisher zwar noch keinen gesehen hatten, aber die Bilder sprachen für sich.

Der Präsident betonte die Bedeutung des Kahlwildabschusses und dessen konsequenter Umsetzung. Hier sei die Zahl natürlich das Gebot, das Wildbretgewicht aber das Kriterium. Uns war ja bereits aufgefallen, daß wir eigentlich mehr Hirsche als Kahlwild gesehen hatten. Dies sollte weiter so bleiben. Der Präsident bestätigte, wenn nicht tatsächlich ein Geschlechterverhältnis von 1 zu 1 in dem Revier herrschte, dann komme es dem sehr nahe. Dieses sei nach immer wieder gemachten Erfahrungen für Reviere dieser Art mit Au-Charakter bei einem hohen Anteil landwirtschaftlich genutzter Flächen anzustreben. In Waldgebieten sollte das Verhältnis sogar eher bei 1,5 zu 1 liegen. Gutveranlagte Hirsche sind natürlich unbedingt zu schonen, während schwache, auch im Wildbret schwache, nach der Brunft erlegt werden. Ein ganz wichtiger Punkt ist und bleibt die Ruhe. Das Wild muß seine Ruhe haben, gerade auch zur Setzzeit. Das ist nichts Neues, es wird aber immer schwerer einzuhalten. Wenn ich da an unsere Jagd- und Schonzeiten denke, die bereits die Jagd ab 1. Mai ermöglichen, kann es in unseren Revieren mit der Ruhe nicht weit her sein.

Ob die vieldiskutierte „Hege mit der Büchse" möglich ist, kann ich nicht beurteilen. Die Erfolge beim Rotwild lassen diesen Schluß zu. Allerdings wird die „Hege mit der Büchse" auch nur Bestandteil umfassenderer Maßnahmen sein, die der Präsident hier kurz angeschnitten hat. In diesem Revier ist jedenfalls viel bewirkt worden, wie man an den kapitalen Trophäen sieht. Von einem früheren Revierleiter gab es die Aussage, daß es in diesem Revier nie möglich sein würde, starke Hirsche zu erbeuten.

Das Primäre des Abendansitzes blieb die Kilometerleistung. Nach der Rückkehr erschienen der Herr Präsident und der Herr Diplom-Ingenieur zum abermaligen Besuch. Sie brachten einen guten Rotwein mit, der das Sprechen erleichterte, und so faßte der Herr Diplom-Ingenieur seine Untröstlichkeit über schlechte Brunft und Mißerfolg von Gästen, etc. etc. in Worte: „Um meine Selle zu beruhigen, möchte ich den jungen Herrn und den Herrn Baron bitten, in ein anderes Revier, wo Brunft noch im Gange. Ich bereits telefonieren. Keine sechzig Kilometer von hier."

Wir bleiben! War die klare Entscheidung von Marc und mir. Es bringt in der Regel nichts, Strategien kurzfristig zu ändern, am wenigsten auf der Jagd. Der Präsident lächelte. Ich glaube, spätestens hier hatten wir seine Sympathien gewonnen. Herr Diplom-Ingenieur wand sich in „bitta schön" und „Selle sein nun beruhigt".

In der Nacht fiel ich wieder einige Male fast aus dem Bett, als die Hunde kläfften, bellten und rumorten. In Ungarn scheint an jedem zweiten Haus ein Hund zu sein, der aber nicht, wie es bei uns üblich ist, mit Herrchen und Frauchen im Bett – oder zumindest daneben – schläft, sondern diese armen Geschöpfe leben im Freien an der Kette oder im Zwinger, sind unausgelastet und kläffen bei jeder Gelegenheit und dann anhaltend. So auch die Bestie des Nachbarn, was dann direkt durch das offene Fenster an mein sonst wenig empfindliches Ohr schallte. Marc schien weniger auf diese akustischen Reize zu reagieren. Nicht nur die dicken Männer oder die kläffenden Hunde sind auffällig. Ja, eigentlich war ich erstaunt, in ein Land zu kommen, fünfzig Kilometer von der österreichischen Grenze entfernt, das immer noch vom Sozialismus gezeichnet ist. Die kleinen ungarischen Häuser mögen typisch sein, doch ihr Grau wäre mit einem Farbtopf zu beseitigen. Blumenkästen sind eine Seltenheit, die Vorgärten trist, die Fenster dunkel, die Gardinen schmutzig – und die Menschen das Abbild ihrer Häuser. Alle öffentlichen Gebäude verwahrlost. Hin und wieder eine hergerichtete Kirche, aber sonst auch die öd und putzblättrig. Kolchosen gibt es immer noch. Auch das Gut, auf dem die Landhausvilla des Präsidenten steht, ist ein solch staatlicher Betrieb, der eine Geflügelzucht betreibt. Alte, ehemals schöne Hofgebäude ließen uns gleich erkennen, daß hier einmal etwas anderes geherrscht hatte. Wir erfuhren, daß es ein Wittelsbacher Gut in Ungarn war. Zu Hause las mir meine Frau vor: Der letzte bayerische König, Ludwig III., starb 1921 in Sárvár, nachdem die königliche Familie 1918 dorthin geflohen war. Sie war vorher immer gerne dort, dann auch noch später, in den 1930er-Jahren bis zur Enteignung 1948. Wahrscheinlich gehörte das Revier, in dem wir jagten, teilweise zum Besitz. Warum nicht? Aber nichts Genaues weiß man nicht… Die erlebte Vergangenheit ist in den Menschen präsent, darüber sprechen sie, aber die historische scheint noch in weiter Ferne zu sein.

Vier Uhr. Hundegekläff zu Ende. Ich stand auf und machte Tee. Marc hatte sich inzwischen in der Früh auf Müsli verlegt, während ich bei Marmeladenbrot blieb. Noch kein Bounty und kein Mars um diese Zeit. Marcs Morgen blieb ergebnislos wie meiner, doch war er wohl nicht ganz so trostlos wie bei mir. Auf dieser Birsch sahen wir außer zehn Rehen, die sich in einem Sonnenblumenfeld ihres Lebens freuten, nichts. Auch Após schien mit seinen Gedanken fern zu sein. Er fragte mich einmal: „Du hören Hirsch?“ – „Nein“, sagte ich. Após entgegnete mit fester Stimme, nachdem er mir gerade vorher verraten hatte, daß er auf einem Ohr taub sei: „Ich hören Hirsch!“ Sein anderes Ohr wird übersensible Kräfte entwickelt haben, vielleicht war auch meines durch das nächtliche Hundegerassel so strapaziert, daß ich diesen Ruf des Waldes überhört hatte. Wir steuerten zurück zum Wagen. Ich sagte zu Após: „Wir abfährten!“

Daraus wurde nun eine hochinteressante Birschtour um das Gebiet, in dem unser alter Hirsch leben sollte. Bruch, Wasser, Morast, Schilf, und natürlich Erlen, Weiden und Akaziendickichte. „Hirsch hören drei Jahre, aber nicht sehen!“ Große Hoffnungen entstanden bei dieser Aussage nicht. Dennoch fährteten wir fleißig ab. Hier bewies Após gute Fähigkeiten. Er erklärte mir gleich „alt“ und „frisch“, und ich sah es ein, daß er recht hatte. Schließlich fanden wir einen büchsenschußbreiten- und ebenso langen umgepflügten Acker, der an ein Flüßchen oder einen toten Arm jenes Rabá-Flusses stieß und sonst vom Bruch umgeben war. Dort standen frische Fährten und auch die eines starken Hirsches. Also hier!

Após wiegte das Haupt und sagte: „Schlechter Wind“. Vom Hochsitz ging es nicht, da mochte er recht haben, aber vom Sitzstock da drüben. Após meinte „Wind“ und machte dazu kreisende Bewegung mit dem Finger. Nun gut. Wir warten auf anderen Wind, Wind von Norden sein gut, Wind von Süden sein schlecht. (Wenn ich hin und wieder in der Erzählweise in den Infinitiv verfalle, entsprach das inzwischen meiner Sprechweise. Von wegen bleiben verständlich …)

Tagsüber schaute ich oft nach den Bäumen, in welche Richtung sich ihre Blätter bogen. Beim Frühstück – nicht natürlich beim Vormittagsschlaf –, dann aber, als wir wieder in unserem Stammlokal auf der Terrasse saßen und kein Fettschwein aßen. Immer schauen auf Blätter… Heute hatte ich beinahe die Schichttorte vergessen, es wäre wieder keine Zeit gewesen, denn wir kamen so spät von dem schattigen Plätzchen weg, daß es gerade reichte, die Sachen für siebzehn Uhr und unsere beiden Führer zu richten.

Após überraschte mich nicht nur, daß er vergaß, den Kilometerzähler auf „Null“ zu stellen, so daß wir nachher vereinbarten „plus 1“ (wegen verspäteter Umstellung), sondern auch mit der Mitnahme von zwei Sitzstöcken. Dazu zwei anderen Jägern, die als Späher irgendwo platziert

PM
2015

werden sollten, um uns notfalls herbeizurufen. „Programm gut?" er fragen. Ich antworten: „Programm gut!" Wir fanden ein schönes gedecktes Plätzchen, mit Rücken zum Fluß, den Acker vor uns. Hinter uns, jenseits des Baches, ein Gehöft, von dem hin und wieder ein Hund kläffte und manchmal sogar Stimmen zu hören waren. Após schien meine Gedanken zu erraten: „Nix stören!" Ich wissen, nix stören. Wir saßen noch nicht zwei Minuten – einer der beiden Späher hatte sich wieder zu uns gesellt, weil er seinen Platz nicht gefunden hatte –, da trat ein Tier aus. Verschwand, kam wieder. Dann ein Kälbertier. Zog zurück. Nach einiger Zeit erschien ein Spießer.

Die Sonne war untergegangen. Da meldete der Hirsch. Wie schon damals am Abend mit dem ungeraden Zwölfer, den ich so gerne erlegt hätte, fuhr es mir durch Mark und Bein. Ganz nah. Jetzt auch gefühlsmäßig. Ich spürte, irgendetwas wird sich ereignen. Da trat ein Hirsch aus. „Juunga Hirsch", flüsterte Após. „Juunga Hirsch", das sah auch ich. Plötzlich tat es einen Schlag im Wald, wie wenn ein Baum abbricht. Beihirsch und Kälbertier zogen mit langem Hals zurück in den Wald, sichtlich neugierig, um zu sehen, was dort geschah. Auch ich hätte es zu gerne gewußt. Wenig später der Hirschschrei von deutlich weiter entfernt. Es begann zu dämmern. Plötzlich der Schrei des Hirsches, keine siebzig Meter von uns. Es dunkelte. An den Waldrand hinüber auf die einhundertfünfzig Meter hätte es kein Abkommen mehr gegeben. Da trat links auf fünfzig Meter Kahlwild aus. Immer mehr. Ich zählte es nicht, suchte nur fieberhaft mit dem Glas den Waldrand ab. Und da tat es mir einen Schlag aufs Herz. Was ich erhofft, vielleicht sogar gefühlt, aber an was ich nicht geglaubt hatte, stand dort: der Hirsch! Nur ein Eindruck, ein Wort: Gewaltig! „Schießen!" war das einzige, was Após sagte und was ihn auszeichnete, alles Weitere lag bei mir. Ich fand den Hirsch nicht im Zielfernrohr. Nahm das Glas. Dort war er. Büchse und Zielfernrohr. Einen Augenblick hatte ich ihn im Fadenkreuz. Zu kurz. Fort. Wo war er? Im Fernglas nichts zu sehen. Das Kahlwild zog vertraut auf den Acker. Ich schaute zu Após zurück. Er zuckte mit den Schultern und deutete nach links. Und plötzlich war der Hirsch da. Büchse und Zielfernrohr. Es war nicht weit. Jetzt sah ich trotz des rapide nachlassenden Lichtes den riesigen Wildkörper. Der Hirsch zog dem Kahlwild nach. Im Ziehen krümmte ich den Finger…

Szenenwechsel: Marc stieg mit Jäger Robi vom Hochsitz und sagte lachend zu Robi: „Haha, Herr Diplom-Ingenieur müssen zahlen zurück angezahltes Geld!" Insgeheim hatte Marc, wie er selber amüsiert erzählte, sich schon ausgemalt, daß er einer Glanznig-Büchse nun näherkäme. Wumm! „Doch nicht zurückzahlen", meinte frech grinsend Jäger Robi.

Szenenwechsel: Ich war vom Mündungsfeuer noch geblendet, sah nichts, hörte nichts. Ich hörte nur Após mehrmals flüstern: „Repetieren!" Nachdem er meine Doppelbüchse ausgiebig bewundert und allen von „200m-puff-Fleck" erzählt hatte, hieß das wohl nachladen. Ich nicht tun – ich hatte linken Lauf. Mit dem Glas suchte ich den Acker ab. Ich sah nichts. Da klang das „Weidmannsheil" von Após, und Augenblicke später bekam ich rechts und links einen feuchten Kuß auf die Wange gedrückt, den ich nolens volens aber in Anbetracht der Ereignisse erwiderte. „Hirsch liegen, Hirsch tot!" Dann aber doch noch einmal ein Augenblick der Unsicherheit. Da stand er wieder! Im Zielfernrohr überhaupt nicht mehr zu erkennen, nur noch als dunkler Fleck wahrzunehmen, schoß ich. Kugelschlag – und Ende. Die erste Kugel saß hinter dem Blatt, und der Hirsch wäre wahrscheinlich Augenblicke später gebrochen und verendet. „Mein Gott, was für ein Hirsch!", entfuhr es mir.

Während ich benommen und unfähig einer Regung vor dem Hirsch stand, telefonierte Após. Zuerst wohl zu Robi, der an Marc gleich weitergab: „Neun, zehn, elf Kilo." – „Oh Gott" stammelte Marc (wären es doch nur elf geblieben…). Bei der heutigen Kommunikationsmöglichkeit verwunderte es nicht, wenn mit einem Mal von allen Seiten die Menschen kamen. Der Herr Präsident, der Herr Diplom-Ingenieur, Jäger, Späher, und ich weiß nicht wer alles. Marc kam und seine Freude war unglaublich, und er konnte sie sogar mehr zeigen als ich. Ich stand abseits immer noch benommen, so daß mich Diplom-Ingenieur P. fragte: „Herr Baron freuen sich doch? Oder können nicht, weil Hirsch zu klein? Nicht zufrieden, Herr Baron?" Darauf brauchte ich wohl nicht zu antworten. Aufbrechen im Scheinwerferlicht, verladen, Abfahrt, hoppelnde Heimfahrt. Lautes und freudiges Gespräch im Auto, während ich in Gedanken versunken den Weg mit seinen Ortschaften, durch die wir inzwischen so oft gefahren waren, wie in Trance wahrnahm. Einmal verstand ich ein Wort in dem Geplapper: Holland und Holland… Also darum ging es auch. Ja, gute Wirkung.

An der Landhausvilla wurde der Hirsch gestreckt. „Zeremonie kommen morgen. Darf ich bitten zu einem Glas Champagner!" – „Herr Präsident, ist es sehr unbescheiden, wenn wir um ein Glas ungarischen Rotwein bitten, um auf dieses Land, seine Menschen und seine Hirsche zu trinken?" Als zwei Flaschen des samtenen Weines geleert, die Lichter heruntergebrannt waren, die Gespräche ein wenig ins Stocken gerieten, weil aus dem Traum Wirklichkeit geworden war, erhoben wir noch einmal das Glas, tranken auf den Hirsch, daß sein Geist überwechseln möge in die Auen des Paradieses, wo er in Frieden seine Fährte ziehen möge, standen auf, fuhren noch einmal mit tastender Hand über die gewaltigen Stangen – und gingen.

General P., zu dem wir den Herrn Diplom-Ingenieur inzwischen befördert hatten, was ihn sehr freute, denn Marc redete ihn auch so an, brachte uns nach Hause und erzählte auf der Fahrt von seiner „Mutti", der es sehr gut ginge und die auch eine geborene Baronin sei. So viel hatte er doch gar nicht getrunken! Ich schlief den Schlaf des Glücklichen, den nicht einmal der Köter an der Hauswand stören konnte. Der Start in den nächsten Morgen war dank des Weines – nicht nur seinetwegen – leichter als alle vorherigen. Marc stöhnte ein wenig, doch das ließ mich ausnahmsweise ungerührt. Er behauptete ja immer, der Rotweintrinker zu sein…

Fünf Uhr, Após und Robi vor der Türe. Kilometerzeiger auf null gestellt, auch zeigen mit Taschenlampe, da so korrekt! Após sein korrekt. Robi dies bestätigen – mit einem Grinsen: „Ja, ja, Após sein sehr korrekt…" Nun wir fahren wieder die übliche Strecke und Hoppelpiste. Após führt mich auf einen Hochsitz inmitten eines Dickichts, Schneise nach vorne, Schneise links, Schneise rechts. Zu allem Unglück meldete ein Hirsch, dazu eine gute Stimme. Einige Male, dann erscheint ein Tier auf der Schneise, dahinter der Hirsch. Eindeutig reifer Hirsch mit einem starken Geweih. Ich frage Após: „Sieben, acht Jahre?" – „Möchte sein zehn Jahre, sieben Kilo." Gleichzeitig bedeutete er mir, ihm zu folgen, auf nächsten Hochsitz am nächsten Schneisenkreuz. „Hirsch kommen vielleicht links". Hirsch kommen zum Glück nicht. Melden noch einige Male und gehen schlafen.

Ich hier so schreiben, weil so sprechen, wie schon sagen. Noch eine Woche länger in Ungarn, und ich hätte jegliche Konjugation vergessen. „Heute Abend hier wieder sitzen!" – „Nein", sagte ich, „Hirsch gut für

Kollege." – „Ah, nix Kollege, Kollege nett, aber du mein Freund!" Ich hätte mich durchaus geehrt fühlen können und dies als Kompliment nehmen, wäre der gestrige Abend nicht gewesen und ein überverhältnismäßig großer Schein in eine offene Hand gewandert. Marc bezichtigte mich des Wahnsinns – sicher zu Recht –, aber auch ich war beschenkt worden, ebenfalls über die Maßen, vom Schicksal, von den Göttern, von einem Freund, warum kann man davon nicht etwas weitergeben? Das kam nun in dieser Form zurück. Zur Krönung erzählte Após Robi: „Ja, wir haben gesehen jungen Hirsch, nichts zum Schießen…"

Marc hatte Anblick, aber ich weiß nicht mehr im Einzelnen, was es war, jedenfalls sah er wieder keinen jagdbaren Hirsch.

Angekündigte „Zeremonie", sprich Verblasen des gestreckten Hirsches. Sehr stilvoll, stilvoller als manchen Ortes bei uns. Bei Sonnenschein betrachtet ist der Hirsch nicht kleiner geworden. Im Gegenteil. Erst jetzt erkannte man seine wirkliche Stärke. Präsidente kannte den Hirsch. Vor zwei Jahren hatte er ihn zum letzten Mal gesehen. Da sei er noch stärker gewesen. Sein Alter schätzte er auf dreizehn Jahre (die offizielle Kommission taxierte ihn auf zwölf und gab ihm damit Recht). Jeder sieht, daß der Hirsch alt und reif ist und wahrscheinlich schon zurückgesetzt hat. Ungarische Sitte besagt, Champagner über Hirsch gießen. Wenn Tradition, dann auch wir. Ich tat es, sogar ein wenig mit dem bösen Gedanken, so des Blumentopfes zur heimlichen Entsorgung entbehren zu können… General P. bot mir sein Glas an: „Bitta schön, Herr Baron, es ist zu schade, ich habe meine Zunge nicht darin gehabt. Bitte nehmen und bitte trinken, bitta schön!" Ich dankte und wies als Opfer für die Götter auf den Hirsch. Ich glaube, Após wird beim Abkochen mehr nach Champagner als nach Hirsch gestunken haben.

Sonnenfrühstück auf der Terrasse, inzwischen alles wie üblich. Vormittagsschlaf. Essen auf der Terrasse unseres Stammlokals vis-à-vis vom Schloß. Heute alles zum letzten Mal, somit ein wenig mit Abschiedsschmerz behaftet. „Pinktlich" wie immer – großes Kompliment! – stehen Robi und Após vor der Türe. Fünf Uhr oder richtiger siebzehn Uhr. Ich hatte versucht, Marc meinen Hirsch vom Morgen näherzubringen, da ich mir ziemlich sicher war, daß es eine Chance auf ihn geben würde, denn Hirsch dort schlafen… – Marc bestand aber auf einem letzten Versuch

auf seinen Altkapitalen mit der Wechselmöglichkeit zu 8,5 Kilo, die Jäger László im Auge haben sollte. Ich schlug vor, meinen Hirsch vom Morgen dann wenigstens als Möglichkeit für den letzten Morgen aufzubewahren. Após wurde beinahe zornig. „Hirsch nix aufheben, Tier nix feucht mehr, Hirsch weg." Von feuchten Tieren hatten wir aus dem Munde des Generals schon genügend gehört. „Wenn Schmaltiere werden feucht, Hirsche wieder rufen!" Nix feucht und nix rufen. Inzwischen meldete kaum noch ein Hirsch, so auch an diesem Abend. Wir saßen auf dem Schneisensitz. Im letzten Licht wechselte der Hirsch über die Schneise. Após verfiel ins Hirschfieber. Wenn man gewollt hätte, wäre es wahrscheinlich gegangen. Após hatte die Hoffnung noch nicht aufgegeben, mich auch für den letzten Morgen verführen zu können. Er versuchte ein zweites Mal, diesen Hirsch vor Marc und Robi zu verheimlichen, indem er Robi erzählte: „Haben vertreten…" – „Letzter Morgen schlafen; nicht, weil schlafen, sondern weil nicht wollen rausgehen, weil keine Zeit für Nachsuche, wenn krankschießen!" Após verstand und akzeptierte. Einleuchten auch Após. Vor dem Haus mit Após angekommen, galt es die Kilometer zusammenzuzählen und direkt zu begleichen: Ein Zettel wurde mir vorgehalten. Darunter stand eine Zahl, die in der Addition sogar stimmte – denn Após ja immer korrekt –, ich zahlte und wünschte Weidmannsheil.

Bei Marc kein Altkapitaler und kein 8,5 Kilo, lediglich ein junger Hirsch. Wir tranken auf der Terrasse unter immer noch sommerlichem Nachthimmel einige Glas Wein, besprachen alles wieder und wieder, vor und zurück, lachten über General P., den Marc täuschend ähnlich nachmachte, und dachten an „die Mutti", die immer nach ihm fragt: „Und hast du, Miklós, auch genügend zu essen…" Als wir zum fünften Mal über die Mutti lachten, beschlossen wir, nicht zum sechsten Mal darüber zu kichern, und stattdessen schlafen zu gehen. Ich weckte Marc zur üblichen Zeit und machte ihm Frühstück. Dann entließ ich ihn mit einem letzten hoffenden Weidmannsheil in die Obhut nicht nur von Robi, sondern auch von Após, der womöglich doch noch auf mein Mitkommen gehofft hatte. Ich legte mich nieder, schlief schlecht, stand zeitig auf, packte die Sachen und wartete mit gedecktem Frühstückstisch auf Marc. Er kam nicht. Die übliche Zeit verstrich. Ich schöpfte Hoffnung und begann, meine freudige Nervosität mit Lesen zu beruhigen.

Dann kamen sie. Nichts von Hirsch. Stattdessen stiegen drei lachende und herumkalbernde Jäger aus dem Lada. Robi und Após amüsierten sich köstlich über Marcs Kilometerfeilscherei. Inzwischen war den beiden zugetragen worden, was für ein Wagen in der Garage versteckt war. Natürlich waren wir in Sárvár gesehen worden, wo Urwaldtrommeln nicht notwendig sind und genügend Augen sehend sind. „Ah, immer sagen, sein Proletarier, dabei Audi A8 in Garage, und zu Hause Frau sicher auch Auto und noch ein Auto. Junger Baron immer lamentieren, Kilometer hier, Kilometer da! Alter Baron zahlen und – Weidmannsheil!" Jeder wußte, daß es nur die Großzügigkeit war, die mit der Freude am „Lamentieren" hier zu Werke ging. Der Abschied war herzlich, so wie er herzlicher nicht sein konnte. Wir hatten Freunde fürs Leben gewonnen, und dies nicht nur, weil auch Robis Hand nicht leer blieb. Ein letztes Frühstück. Bezahlung von Haus und Garten bei der Nachbarin. Dann Abreise. Leider – vielleicht, vielleicht auch nicht – ohne Geweih, weil offizielle Bewertung in Szombathely sein mußte. „Und das sein erst am Nachmittag miglich." Da saßen wir aber schon – oder endlich – bei der Schichttorte in München und ließen noch einmal die großen Augenblicke passieren. Danach machte sich Marc auf den letzten Teil des Weges. Am nächsten Morgen kam der Donnerschlag: 11,28 Kilogramm.

Sárvár, 11. – 17. September 2007

Marc hatte seinen Hirsch immer noch nicht erlegt. Also mußten wir noch einmal nach Ungarn fahren. Meine Vorbehalte, was diese Jagd anbetraf, waren deutlich geringer geworden. Ich muß sogar zugeben, daß ich mich freute, wieder zur Hirschbrunft in Sárvár zu sein.

Natürlich wußten wir, daß alles anders wird wie im vorigen Jahr. Selbst die Vorfreude war eine andere. Voriges Jahr von Skepsis geprägt, dieses Jahr von Hoffnung und Erwartung. Voriges Jahr schien die Sonne bei der Fahrt gen Osten an den Alpen entlang, heuer regnete es, voriges Jahr blieben wir inkognito, heuer wurde ein kleiner Film über Audi A 8, Gischt versprühend, gedreht, der teuer in die Staatskasse zu bezahlen war. Es begann mit Unfreundlichkeiten.

Dann der Sonnenschein in Transdanubien, der Empfang beim Präsidenten Gabor D., das Häuschen in seiner Unberührtheit – seit dem letzten Jahr schien niemand dort gewohnt zu haben – gab uns wieder das Gefühl, es würde alles werden wie erhofft, wie erwartet – glückhaft wie im vorigen Jahr. Und dann: In unserer Burgschenke war Tisch Nr. 2 nicht frei, draußen konnte man nicht sitzen, weil es dem Ober zu kalt war. Enttäuschung. Der Wein war deutlich saurer, und die Forelle schwamm in noch fettigerer Soße. Wir trösteten uns mit Schichttorte, die wir dieses Mal nicht vergessen hatten. Wir hatten derer sogar gleich zwei. Eine von Sophia, Marcs Frau, eine von meiner Schwester Isa. Zwei Positiva. Auch schien Nachbars Hund, der mich jede Nacht aus dem Schlaf gekläfft hatte, in die ewigen Jagdgründe eingewechselt zu sein. Ebenfalls positiv.

Após erschien pünktlich, im Schlepptau einen anderen Jäger und nicht, wie erwartet und bestellt, Robi. Negativ! „Wo ist Robi?" – „Robi nix. Robi Kinder!" Natürlich hat Robi Kinder, das wissen wir. Beim Nachbohren stellte sich heraus, statt Kinder andere Gäste. Gábor, der neue Jäger für Marc, der mit seinem 150 Kilo-Lebendgewicht aus Unterscheidungsgründen schnell zum „dicken Gábor" wurde, erwies sich als angenehm, freundlich und jagderfahren. Doch dies natürlich erst später. Erst einmal blieb die Enttäuschung über den fehlenden Robi.

Marc sparte Kilometergeld. Er schaukelte mit dickem Gábor und deutlicher Gábor-Schlagseite im Lada einem näheren Ziel bald hinter Ikervár zu, während Após und ich plus jungem Begleiter dem alten Ort der Tat zutuckerten.

Die schöne Aulandschaft ließ freudige Erinnerungen an den Augenblick der Augenblicke des vorigen Jahres aufkommen. Das muntere Geplauder von Após, die herzliche Begrüßung vorhin, die Umarmung, der Verweis auf .300 H&H – „gute Kaliber“ –, übergriffig mit einem obszönen Vergleich verbunden (wohl zu entschuldigen, wir waren ja nun ein Team…), – all das gebar Hoffnung, es werde gut und schön werden. Anders wie im vorigen Jahr zwar nicht der Griff nach den Sternen, aber anknüpfend und weiterführend. Die „Elf-Kilo“, denen es heuer galt, standen im selben Bruch wie der alte Hirsch vom vorigen Jahr. Wir platzierten uns auf der östlichen Seite an einem Rapsacker. Hirsch gestern hier gesehen, war die Auskunft. Hirsche begannen zu melden, auch „Elf-Kilo“. „Du hören Hirsch!“ – „Ja, ja, ich hören Hirsch…“ Bei jedem nahen oder fernen Geröhre – ich sein nicht taub.

Unser Hirsch meldete, schien aber eher dem kleinen Fleckchen auf der abgewandten Seite des Bruchs, der Stelle des vorigen Jahres, zuzustreben bzw. seinem Kahlwild dorthin zu folgen. Die Sonne ging unter, Após wurde unruhig: „Hirsch nix kommen!“ Ich freute mich am Anblick eines kleinen Rudels am Ende des Rapsfeldes, dann Kahlwild und ein junger, ganz guter Achter zur Rechten, bei dessen Anblick Após nicht einmal das Telefon vom Ohr nahm. „Telefonazia mit Tommy, Tommy sitzen auf anderer Seite.“ Tommy Hirsch hören, aber nicht sehen. So sehr man immer Jäger ist, so sehr war ich überhaupt nicht erpicht, heute bereits Schuß und Beute zu erzwingen. Wenn nicht hier, dann morgen hier oder morgen auf anderer Seite. Wenn nicht morgen, dann übermorgen. Nicht so Após. Plötzlich sprang er auf, gebot mir, die Sachen zu nehmen, und los ging es. Durch den Bruch auf mehr oder weniger leisen bis halbleisen Sohlen. Kahlwild brach vor uns weg, was Após nur geringfügig störte. Der Hirsch meldete nun in unmittelbarer Nähe, was Após nicht zum leiseren, sondern zum schnelleren Gehen beflügelte. Ich folgte fast wie ein Unbeteiligter, eher wie ein Interessierter, gespannt, wie das Unternehmen ausgehen würde. Das letzte Stück ging über einen frisch gerechten Birschsteig. Durch die Randbäume schimmerte das Feld mit auf halber Höhe abgeerntetem Mais. Ich sah Kahlwild. Der Hirsch schrie und mußte bereits auf dem Feld sein, dann schob ich mich in den kleinen Schirm, von auf-

geregten Gesten Após begleitet. Der Hirsch stand auf achtzig Meter, wenige Schritte vom Waldrand entfernt. Es bedurfte keines langen Blickes, um zu erkennen, daß dies ein reifer Hirsch war. Após zischte: Schießen, schießen. Ich ließ mir bewußt Zeit, denn noch ragten Maisstrünke vor das Blatt. Ich glaube, der Hirsch mußte Após abermaliges Getuschel „Schießen" vernommen haben, er machte einen Schritt vor, das Blatt war frei, der Schuß fiel.

Der Hirsch knickte hinten ein, wie um zu einer tiefen Flucht anzusetzen, brach aber stattdessen. An einläufige Kipplaufgewehre gewöhnt, vergaß ich die Doppelbüchse, setzte ab und wollte nachladen. In dem Augenblick wurde der Hirsch hoch und zog schwerkrank die paar Meter in den Wald. Ich kam mit einem zweiten Schuß nicht mehr zusammen. Ich war mir sicher, daß der Hirsch eine gute Kugel haben würde, schalt mich jedoch, die Doppelbüchse in den Händen, in der Aufregung alles vergessend, keinen zweiten Schuß angebracht zu haben. Ich hielt Após am Ärmel fest, der zum Anschuß stürmen wollte. Ich lauschte in den Wald, um irgendwo den Hirsch zusammenbrechen zu hören. Nichts. Nach zehn Minuten drängte Após: „Werden dunkel." – „Morgen suchen!" sagte ich. „Nix morgen!" Also gingen wir zum Anschuß. Was sollten wir dort? Es war bereits so dunkel, daß wir wohl kaum Schweiß sehen würden. Außer der Stelle, wo der Hirsch gebrochen war, fanden wir nichts. Zornig hielt ich Após, der in den Wald drängte, am Arm fest. Nix Lampe, nix suchen – alles morgen früh! Após telefonazia, wahrscheinlich mit Gábor Präsidente. Wohl von da kam die einzig vernünftige Order: morgen früh!

Der Nachhauseweg verlief schweigend, geprägt von wachsender Enttäuschung, leisen Zweifeln und Ärger über den verpaßten zweiten Schuß – wenn schon Doppelbüchse!

Marc war bereits zu Hause, hatte mit dickem Gábor guten Hirsch gesehen, aber zu weit. Dicker Gábor erwies sich hier als vernünftiger Begleiter, der nicht zum Schuß drängte und nicht beim Anblick eines Geweihs gleich Dollarzeichen im Auge hatte. Am nächsten Morgen Start um dreiviertel fünf. Marc kilometersparend zur Stelle des Abends. Ich war gespannt, was Após mit mir bis Sonnenaufgang und bis zur Nachsuche veranstalten würde. Ich hatte es geahnt: „Du schießen Hirsch!" Ich schießen nicht! Ich wollte sogar demonstrativ das Gewehr im Auto lassen. Após wurde zornig: „Machen Auto kaputt, wenn Gewehr sehen!" Ich fügte mich, nicht wegen des Lada, sondern wegen Glanznig. Ich nahm die Doppelbüchse mit, ließ die Patronen dort, wo sie hingehörten: in der Tasche. Dieser Morgen an einem Kahlschlag wurde für mich zu einem der schönsten Ansitze. Fünf Hirsche schrien. Kahlwild wurde schemenhaft in dem Frühnebel sichtbar. Das Licht kam. Der Platzhirsch meldete nahe. Das Kahlwild äste ruhig. Plötzlich der Hirsch im Schlag! Após natürlich: „Schießen!" Ich reagierte gar nicht, sondern beobachtete durchs Glas. Mit gewalttätigen Gebärden trieb der Hirsch das Rudel in den Bestand. Von dort hörte man noch einige Mal sein dunkles Röhren.

Es wurde Zeit zur Nachsuche. Dicker Gábor und Marc wollten helfen und zum Anschuß kommen. Auf der Fahrt dorthin verbreitete Após nicht gerade Optimismus. Vorige Woche Hirsch beschossen von Gast und nicht gefunden, erzählte er mir. „Hirsch finden nach fünfzig Meter, oder nix finden." – „Was ist mit Hund?" fragte ich. „Ja, Hund holen, wenn nix finden." Noch war ich recht gelassen, denn ich war mir trotz aller Zweifel, die über Nacht in schlechten Träumen gewachsen waren, ziemlich sicher. Der Schuß mußte hinter dem Blatt sitzen. Die Leistung der Patrone kannte ich.

Am Anschuß nichts. Kein Schweiß, kein Schnitthaar. Soweit man das auf einen ersten kurzen Blick hin beurteilen konnte; denn Após und Gábor drängten bereits in den Wald. Sie folgten einer mysteriösen Fluchtfährte. Marc und ich ließen uns widerwillig mitziehen. Plötzlich stutzte Marc, nahm das Glas und deutete nach rechts: „Schau einmal dort!" Wir gingen hin und ließen die anderen weitertappen. Als wir vor dem verendeten Hirsch standen, hatten die beiden Spezialisten unser Abbiegen bemerkt und kamen ästebrechend und schnaufend heran. Freude und Erleichterung beflügelte auch sie. Beim näheren Betrachten des Hirsches sahen wir, daß er nach dem Verenden von einem anderen Hirsch in brutaler Weise geforkelt war. Einstiche auf dem ganzen Körper, sogar der Nasenschädel war komplett zerstört, was wir erst mit einem Schlagen im Verenden gegen Baumstämme zu erklären versuchten. Es war aber der fremde Hirsch gewesen, der in maßloser Wut auf Geweih, Haupt und Körper eingestochen hatte.

Após und Gábor leisteten gute Aufbrech- und Schlepparbeit. Die beste Arbeit leistete allerdings der Lada, zweihundert Hirschkilo und zweihundert Menschenkilo aus weglosem Gelände sicher auf die Landstraße zu bugsieren, von dort in ruhigem Tuckertakt nach Hause zu Gábor-Haus und zu Zeremonia zu befördern. Wir kennen ja nun schon Zeremonia und wissen, daß wir die Herausforderung des Morgens – sprich den Champagner – beruhigt über den Hirsch gießen können. Die Sonne schien über einen stilvoll gestreckten, starken Ungarhirsch, das Signal „Hirsch tot“ erklang und beflügelte Herz und Geist. Was ist es, was einen in diesen Augenblicken bewegt? Es ist nicht nur die Beute und die sie umgebende Feierlichkeit, es ist das Gefühl, etwas Unverlierbares geschenkt bekommen zu haben.

Ein guter, reifer Hirsch. Mit Beruhigung stellten wir fest, daß er bei aller Stärke und Wucht nicht an den vom vorigen Jahr heranreichte. Dies nicht aus irgendwelchen profanen materiellen Überlegungen, sondern als Bestätigung der Besonderheit und Einmaligkeit des Anderen. Dieser gute, starke Hirsch, dem wir noch einmal die Wacht hielten, hob den anderen in den Himmel. Sie verband der Platz. Beide starken Hirsche fielen auf demselben kleinen Feld, keine fünfzig Meter voneinander entfernt.

Mein Pensum war erledigt. Von nun ab würde ich als Beobachter und Späher unterwegs sein. Am Morgen, auf dem Weg zur Frühbirsch wurde plötzlich dicker Gábor gegen Após ausgetauscht. Der Befehl kam per Handy. Wir hielten irgendwo im Dunkeln an, warteten fünf Minuten, Após erschien, wir stiegen zu ihm um, Gábor verschwand im Dunkeln. Von nun übernahm Após Marcs Führung. Wir merkten, wir waren nicht nur in der Hand eines Höheren, wir spürten die Fäden, die Gábor Präsidente lautlos im Hintergrund zog. – Dieser Morgen erbrachte wenig. Eine gute Stimme zwar, aber ohne den Hirsch zu sehen. An dem Abend vorher hatten Marc und Gábor an dem Platz gesessen, an dem ich mit Após vor der Nachsuche den schönen Anblick gehabt hatte. Zwei Hirsche erschienen ihnen, aber beide zu jung.

Im Burgrestaurant konnten wir immer noch nicht unseren Stammplatz einnehmen. Dem Ober war es nach wie vor zu kühl. Der Hecht in der Soße war nicht besser als die Forelle. Trost fanden wir in der Schichttorte, die an diesem Tage, dem Donnerstag, zu unserer Hauptnahrung wurde, da der Hecht vom Mittwoch immer noch rumorte. Der Donnerstag sollte aber seine Bedeutung noch erhalten. Erst schien es so, als läge sie im erstmaligen Zuspätkommen von Após und Hilfsjäger Tommy. Sie hatten einen Sitz umgestellt, was sie entschuldigte, zumal von diesem Sitz Marc am Abend seinen Hirsch erlegen sollte. Ich hörte den Schuß, danach einen zweiten. Sehnlichst wartete ich auf ein Zeichen aus der modernen Kommunikation. Dann endlich: „Alles ist in Orrdnung!“ in der Mundart des Herrn Diplom-Ingenieurs schallte es aus dem kleinen Gerät. Der Hirsch war im Feuer gebrochen und verendet. Der Fangschuß, der keiner mehr war, fiel nur Após und der Sicherheit zuliebe. Ich traf auf einen glücklichen Jäger, der andächtig und voller Eindrücke des Erlebten, des Augenblicks, der Stunde vor seinem ersten Hirsch stand.

Es war wohl der schönste Moment dieser Tage. Glücklich Marc, glücklich ich, glücklich wir beide nicht nur über das eigene Weidmannsheil, sondern ebenso über das des anderen. Chance zum Innehalten, zum Dankbarsein, zum Verweilen und zur Ruhe. – Wir beide erkannten nicht die Zeichen. Marc mochte sie gespürt haben, aber ich redete ihm zu: „Natürlich gehst du morgen in der Früh mit Após hinaus!“ Und später dann am Morgen war die „Zeremonia“ vor dem Haus des Präsidenten längst geprägt von dem Gedanken an mehr! In den Hörnerschall klang das Lechzen nach „Wapiti, Wapiti“ – einem besonderen Hirsch, den es geben sollte. Dabei galt das Halali einem anderen, einem gestreckten reifen, guten Ungarhirsch.

Die Gier nach mehr hatte längst unsere Freude an unserem Weidmannsheil vergiftet. Wie lange hält ein vom grünen Teufel befallener Jäger es aus, still im Wald zu sitzen, den Hirschen zuzuhören, hin und wieder die Kamera zu zücken und der verlockenden Beute zu entsagen? Ich sah die Sonne aufgehen und untergehen zwei Tage lang. Als dann der starke Althirsch fünfzig Meter von mir im Bruch meldete, ich sein Plantschen im Wasser hörte, darauf die gute Stimme eines zweiten, den er in Sekundenschnelle abschlug, da war es um mich geschehen. Ich hätte die Büchse des Herrn Diplom-Ingenieurs, der an diesem Abend meine Begleitung übernommen hatte, gegriffen und den Hirsch erlegt, wäre er auf die Wiese hinausgezogen. Als wir schließlich bei fast völliger Dunkelheit vom Hochsitz stiegen, wußte ich nicht, ob ich unglücklich oder zufrieden sein sollte. Eigentlich war ich enttäuscht – enttäuscht, daß die Gier nicht befriedigt wurde. Als dann am nächsten Morgen noch einmal, in direkter Weise, die Versuchung an mich herantrat, erlag ich ihr. Ich hatte nicht einmal Widerstand geleistet. Nein, ich wußte, daß es passieren würde, als ich hörte, der Herr Diplom-Ingenieur würde an diesem Morgen noch einmal mit mir hinausgehen. Wir hatten Marc und Após verabschiedet und birschten ins Dunkle einer Stimme entgegen, die uns zu rufen schien. Die Stimme im Inneren vernahm ich nicht.

Diplom-Ingenieur P. hört schlecht und sieht nur wenig besser, er ist aber ein guter Stratege. So geschah es tatsächlich, daß wir dem Hirsch und seinem Rudel den Weg abschneiden konnten. Spannend wie es war, duldete die Situation keinen Aufschub. Ich ließ mir P.'s Repetierer erklären, schaute einmal durchs Zielfernrohr – wird gehen! Kaliber .30-06 war mir nie sympathisch. Wenn ich so wenig Standhaftigkeit zeigte, hätte ich auch meine Doppelbüchse mitnehmen können. Diesen Gedanken hatte ich zumindest noch. Dann die Stimme des Hirsches ganz in unserer Nähe. Ich setzte mich hin, um übers Knie zu schießen. Da war der Hirsch auf siebzig Meter, am Rande der kleinen Waldwiese, um deren Ecke wir gerade geschlichen waren. P.'s „Schießen!“ stand schon vorher fest. Er hatte, als wir dem Hirsch folgten, wenig von ihm ansprechen können, er war aber entschlossen, das merkte ich, mich zu Schuß zu bringen. Ich sage extra nicht: mich zu verleiten. Dessen bedurfte es schon lange nicht mehr. Starker Hirsch mit einem hohen, leicht korbförmigen Geweih und links einer großen Gabel. Einseitiger Kronenhirsch, schoß es mir durch den Kopf. Auf den Schuß hin wurde der Hirsch lang und verschwand mit einer Flucht – ich meinte der Todesflucht – im Dickicht. Äste krachten, ich glaubte, der Hirsch sei zusammengebrochen. Ich war guter Dinge, wähnte den Hirsch bereits verendet, als wir nach einer halben Stunde zum Anschuß gingen.

Mit unserem Schuß hatten wir Marc den Morgen verdorben, denn wir waren mit unserem strategisch gut ausgedachten Nachbirschen in Marcs und Após' Gefilde geraten. Após erlitt einen Zornesanfall: „Warum schießen Baron? Immer sagen nix schießen, dann doch schießen. Warum mit P. schießen? Nix korrekt!“ – Als dann vor beiden im hohen Maisfeld das Geweih eines Hirsches auftauchte, brach es aus Após heraus: Marc schießen! Marc ließ sich natürlich nicht irre machen. – Diesem Hirsch sollte eine Bedeutung zukommen. Aller Wahrscheinlichkeit nach war es der von mir beschossene Hirsch. Jedenfalls folgte der Hund später dieser Fährte.

Große Hoffnung hatte ich auf den Hund gesetzt. Ein Hannoverscher Schweißhund, der sich als sehr jung herausstellte, brachte leider lediglich

die Gewißheit, daß der Hirsch nicht nach dreihundert Metern verendet im Wald oder Maisfeld lag. Alles andere blieb ungewiß. Kaum Schweiß, kein Schnitthaar; leicht halb spitz von vorne beschossen, daher kein Ausschuß. Wenige Tropfen Schweiß später in der Fährte, der der Hundeführer rund einen Kilometer folgte. Dann schien der Hund nicht mehr zu wollen oder zu können. Ich war außer Stande, dies hinzunehmen. Der Hirsch hatte im Zweifel einen Weidwundschuß, vielleicht einen Schuß durchs Kleine Gescheide, auf jeden Fall war es eine letztendlich tödliche Kugel. Damit ist ein Hirsch von einem guten Schweißhund zu finden. Warum gab es einen solchen Hund nicht im Revier? Bei 6.800 Hektar und einem ausgezeichneten Rot- und Schwarzwildbestand. – „Wir haben keine Nachsuchen“, war die Antwort von Präsidente Gábor. Ich konnte ihm nur ins Gesicht lachen. Das war aber das einzige, worüber ich lachen konnte. Mir war zum Kotzen. Ich ärgerte mich gar nicht so über meine Inkonsequenz und Verführbarkeit – das ist das Schicksal des Jägers. Viel mehr ärgerte ich mich über den Dilettantismus, dem man hier heillos ausgeliefert war.

Ich betrat den Wald nicht mehr. Als Marc abends zur Jagd ausrückte, ging ich durch das Dorf spazieren. Sah die Menschen, die immer noch von existentiellen Nöten geplagt werden, ging auf den Friedhof, huldigte dem Tod, aus dessen Antlitz auch manchmal Versöhnliches spricht. Ich glaubte es jedenfalls an manchem Grab und Grabstein abzulesen. Dieser Gang, dem Sentimentales anhaften mochte, half mir zur inneren Reinigung. Manches rückte sich zurecht. Dem Tier Leid zugefügt zu haben und machtlos zuzuschauen, weil die Umstände gegen einen waren, bohrte. Dieser Schmerz blieb.

Marc hatte keinen Anblick gehabt. Lange saßen wir auf der Terrasse unseres kleinen Häuschens und glaubten, den Dingen auf den Grund gehen zu können. Wir ahnten nicht, daß uns das Gleiche noch einmal bevorstand.

Am nächsten Morgen hatte ich Marc mit Tee und Weidmannsheil verabschiedet. Dann legte ich mich nieder, in der Gewißheit auszuschlafen, später die Koffer zu packen und nach einem versöhnlichen Frühstück in der Sonne abzureisen. Irgendwann um halb neun Uhr, als ich aufgestanden, gewaschen und reisefertig war, rief ich Marc an. Sie waren auf dem Rückweg. Zehn Minuten später rief er mich an. Er hatte gerade einen starken alten Hirsch beschossen. Sie waren laut redend eine Schneise entlang zurückgegangen. Plötzlich meldete ein Hirsch mit guter Stimme in ihrer unmittelbaren Nähe. Auf einer schmalen Rückespur verhoffte der Hirsch. Auf den Schuß mit der 7x65 R hin sprang er mit allen vier Läufen hoch und schlug nach hinten aus. Marc konnte Após gerade noch am Ärmel festhalten, „Du nicht hinterherrennen!“ – inzwischen Grundverhaltenslehre für Jagdführer in Sárvár – unglaublich!

Der Mensch und speziell der Jäger ist immer ein Hoffender. Mit großen Erwartungen sahen wir dem Kommen des Hundes entgegen. Alles aufgebaute Mißtrauen von gestern war angesichts der heutigen Situation verflogen. Sie würden den Hirsch finden. Einmal keimte die Hoffnung auf. Schweiß war gefunden, auch Panseninhalt, ich glaubte aus dem Stimmengewirr sogar den Ruf zu hören: Hirsch tot. Doch dann nichts, und nach einer Stunde wieder dieses abrupte Abbrechen der Suche. „Der Hund kann nicht mehr!“ Das mochte stimmen, und es stimmt auch, daß ein junger Hund mit einer solchen Nachsuche überfordert sein kann. Warum aber ist kein erfahrener Hund zur Verfügung?! – Ich weiß, es gibt hier keine Nachsuchen…

Zorn und Unverständnis bauten sich auf und lähmten jeden Gedanken. Marc wollte sofort abfahren. Nur mühsam bewog ich ihn zu bleiben, zu schlafen, zur Ruhe zu kommen. Was für ein Zusammentreffen: Marc und ich schießen jeder einen Hirsch krank, nahezu dieselbe Entfernung, dieselbe Stellung des Hirsches, ähnlicher Schuß, gleiche Nachsuche, dasselbe Ergebnis. Vom Abendbrottisch riefen wir Heinz Fritz, den bekannten Schweißhundeführer im Donautal an. Er wäre mit Schweißhund und Bracke gekommen, lag aber mit gebrochenem Fuß zu Hause.

Mit einem erfahrenen Hund wären beide Hirsche zu finden gewesen. Warum war kein guter Hund im Revier oder irgendwo zu erreichen? Warum, warum und kein Ende. Dieses ewige „Warum“ wird bleiben, uns beschäftigen. Wie ein Mühlrad wird es in unserem Kopf herumgehen, uns begleiten einen Herbst, ein Jahr – ein Leben lang? Unser seelisches Krankgehen ist lediglich ein Hauch gegenüber dem Leiden der Tiere. Es ist das Los des Jägers zu töten, denn er will besitzen, aber er muß im Stande sein, das Leiden des Tieres zu verkürzen. Wenn er dazu nicht fähig ist, so wie wir es dort in Ungarn waren, verbietet sich die Jagd. Diesem Gebot nicht gerecht geworden zu sein, wird bleiben und uns verfolgen. Zwei Geweihe werden an unseren Wänden hängen, die von glücklichen Momenten stammen. Aber wir werden uns ihrer kaum freuen können. Vielleicht später, eines Tages, wenn die Tiere den Jägern verziehen haben, und wir die Erkenntnis vom richtigen Augenblick verinnerlicht haben. Auch vom richtigen Augenblick aufzuhören.

Noch dazu: Jagd ist gesteigertes Leben. Es gilt, das Ungute, das Unglück anzunehmen und sich ihm zu stellen. Es kann nicht nur Augenblicke des Hochgefühls, des Glücks geben. Im Leben wie auf der Jagd – obwohl man sich dies von der Jagd erhofft. Umso mehr muß man auf der Hut sein. Jagd ist Umgang mit Leben und Tod. Aus diesem Wissen erwächst Verantwortung, die schlechten Situationen zu meistern. Für das Tier wie für sich selber. Darin liegt der Quell zur Kraft, die wir zum Leben brauchen und die uns wieder zu den Höhen des Glücks führt.

Das war in Ungarn nicht möglich. Somit endete diese Geschichte mit einer Tragödie. Für Marc und mich stand fest, daß wir nach Sárvár unter diesen Umständen nicht mehr fahren würden.

Am 10. Dezember des Jahres erhielt ich folgende Nachricht per e-mail aus Ungarn:

Sehr geehrter Herr von Nolcken,

Am Wochenend hatten wir eine Treibjagd auf Wildschwein und wir haben einen großen Rothirsch gefunden. Wir denken so, dass dieser Hirsch einer der von Ihnen geschossenen Hirsche ist. Nach dem Ort, wo wir es gefunden haben, jede können es sein. Ich kann ihn Herr P. leider nur im Januar zeigen. Unsere Jäger (Gyula=Após) ist leider im Krankenhaus. So wenn mein Sohn mir hilft – weil ich davon nicht verstehe – kann ich Sie die Fotos per Email schicken.

Ich bitte Sie um die Fotos sich gründlich anschauen, weil man aus dem Körper zu keiner Schlussfolgerung kommen kann.

Ich würde mich sehr freuen, wenn wir den Kummer wegen dem Anschweissen ein bisschen mildern können, dadurch dass ein Jäger von Ihnen diesen Hirsch erkennen könnten.

Anfang Januar und auch am Ende wir haben noch Treibjagde, also es gibt noch eine Hoffnung die andere zu finden.

Mit Weidmannsheil:

Gábor

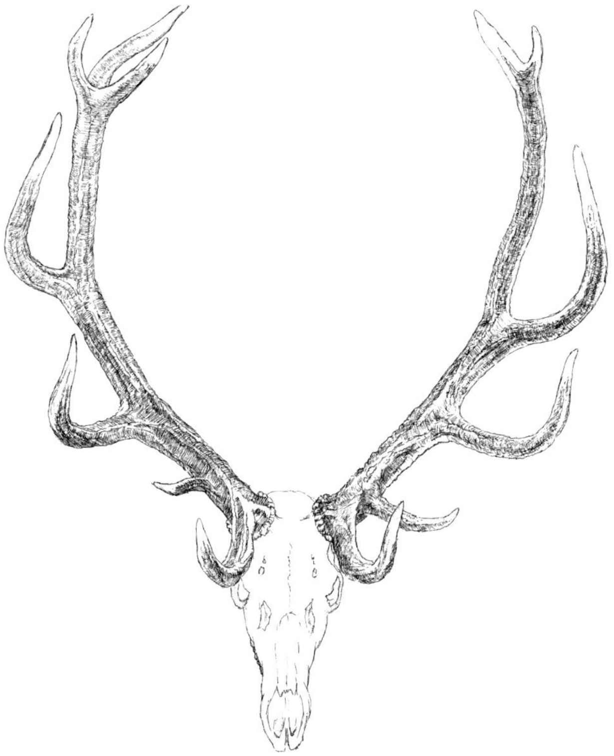

Da es sich, wie ich meinen Hirsch beschrieben habe, um das Geweih eines einseitigen Kronenhirsches handelt, kann man mit an Sicherheit grenzender Wahrscheinlichkeit davon ausgehen, daß es der von mir am 15. September beschossene Hirsch ist. Ferner paßt der Typ des Geweihes und die Stellung der Stangen. – Hat damit die Geschichte einen versöhnlichen Abschluß gefunden?

In der Erinnerung glätten sich die Dinge. So gehört auch dieses Erlebnis mit seinen dunklen Augenblicken zur Jagd und zu der besonderen Jagd in Sárvár. Betrachte ich heute das starkstangige Geweih dieses ungeraden Zwölfers mit seiner gewaltigen Gabel, die mir so tief im Gedächtnis blieb, weiß ich: Auch das ist Jagd.

Sárvár, 14. – 20. September 2009

Ungarn-Klappe, die dritte. Palffy reiste mit einer eigenen Zigeunerkapelle, wir reisten zumindest mit einem eigenen Schweißhundeführer. Heinz Fritz, erwähnter Schweißhundeführer aus dem Donautal, begleitete Freund Gernot und mich und sicherte damit unsere Jagd hundemäßig ab. Aus der Erfahrung des letzten Males war das zur unabdingbaren Voraussetzung geworden.

Wie war es überhaupt zu dieser Reise gekommen? Denn eigentlich war Sárvár trotz seiner Besonderheit aus der Erfahrung der so unprofessionellen Nachsuche für mich abgehakt. Aber Gernot wollte unbedingt einen Hirsch schießen, Rehböcke schön und gut. Gernot lebt in Neuseeland, eine alte Freundschaft verbindet uns, und wir hatten einander lange nicht gesehen. Seine Freude, eine gute Hirschbrunft zu erleben, hatte ich bei der Planung seines Europa-Aufenthalts gemerkt, und so lud ich ihn auf einen Hirsch nach Ungarn ein. Und da man bei aller Gastfreundschaft sich selbst nicht vergessen soll, lud ich mich selber ebenfalls auf einen guten Hirsch ein. Und da der Schweißhundeführer auch nicht ohne Jagd sein sollte, lud ich auch den auf einen Hirsch ein. Somit konnte Diplom-Ingenieur P. schreiben eine lange Liste und sagen Bittaschön und Dankeschön. Meine Überzeugungskraft, Marc noch einmal für Sárvár zu begeistern, hatte nicht ausgereicht. Zumindest dieses Mal nicht. War er konsequenter?

Je näher der Reisetermin rückte, umso mehr geriet die ursprüngliche Planung ins Wanken. Unser reetgedecktes Häuschen stand plötzlich doch nicht zur Verfügung. Dann die Frage: Mit Fritz in einem Quartier oder Fritz separat, schließlich doch alle drei in einem. Kaum war ein entsprechendes Heim gefunden und gebucht, wollte Fritz in Begleitung kommen – ein junger Mann, da lange Fahrt etc. – also noch ein Haus. Nobel geht die Welt zugrunde.

Am 14. September Start um sechs Uhr in der Früh. Regen und Nebel begleiteten uns. Am Mondsee trafen wir Fritz mit seinem Hund und seinem jungen Begleiter. Nach Kaffee und Stärkung Weiterfahrt über die geschwindigkeitsbegrenzten Autobahnen im Gedenken an schnellere Fortbewegung, die aber deutlich teurer war. Auch dieses Mal ging es nicht ohne einen Blitz von hinten ab. In St. Pölten an der Raststätte trafen wir zufällig mit Fritzens wieder zusammen, den einen drückte der leere Tank, den anderen die volle Blase – von da ab ging es dann gemeinsam die nun schon bekannte Strecke nach Sárvár.

Vor dem Haus von Präsident Gábor D. ist inzwischen ein schweres Eisentor angebracht. Wie von Geisterhand bewegt es sich zur Seite und gewährt Einlass, wenn man nur lange genug in bittender Demutshaltung davor verharrt hat. Herr Präsident war nicht zugegen, die Gattin empfing uns reserviert. Ich hatte mehr Herzlichkeit erwartet; immerhin waren drei Hirsche gebucht. Dann aber zeigte sich alles perfekt organisiert. Wir wurden zu unseren „Schlüsselhäusern" geführt. Irgendwo auf der Strecke wartete der Besitzer von dem einen Haus und stieg zu, der andere war bereits vor Ort, so daß die wenigen Einweisungen, die existentielle Bedeutung hatten, schnell gegeben waren, wie der Kühlschrank, der zum Schließen einen leichten Fußtritt benötigte etc. Sachen ausgepackt, kurze Besichtigung des Gartens und des Umfeldes und dann zum gemeinsamen Mittagessen an Tisch Nr. 2. Selbes Lokal, selber Platz, selber Ober – alles wie immer, und das blieb so die Tage. Lediglich, wenn es dem Ober zu kalt war, mußten wir ins Innere der Lokalität. Das war meistens der Fall.

Hohe Spannung für den ersten Abend. Pünktlich um fünf Uhr am Nachmittag stand Após vor der Türe. Leicht gezeichnet durch Krankheit und Operationen, Narben, die uns dank nachdrücklichen Hinweises nicht verborgen bleiben konnten. Dennoch ist Após ein guter Stratege geblieben, was sich wieder zeigen sollte. Gernot dampfte mit János und Hilfsjäger, sprich Chauffeur, davon. Após führte mich auf einen nicht unbekannten Platz, dorthin, wo ich vor zwei Jahren einen Abend mit Diplom-Ingenieur P. gesessen hatte und wo zwei Hirsche sich auf nächste Entfernung hinter uns anschrien, wir ihrer aber nicht ansichtig geworden waren.

In die dampfige Luft hinein begann es zu regnen. Die Mücken bissen so sehr, daß ich auf Após' Anti-Mittel zurückgreifen mußte. Bei vollem Büchsenlicht erschien ein guter Hirsch. Ein Eissproßzehner mit hohen starken Stangen. Ein sehr reizvoller Hirsch, der mich, wäre die Entfernung nicht über zweihundert Meter gewesen, in arge Versuchung geführt hätte. „Sein nur neun Kilo!" Die hätte ich gerne genommen. Após sollte wieder einmal recht haben, wenig später erschienen drei Stück Kahlwild und dahinter ein Hirsch, bei dem es mir den Atem verschlug. Es blieb nicht lange Zeit, den zu uns heräugenden Starken anzuschauen, der Wind küselte, das Kahlwild drängte zurück, der Hirsch tauchte zwischen den Stauden weg. Wir packten unsere Sachen zusammen und verdrückten uns in der Hoffnung, die Prise schlechter Wittrung würde morgen vergessen sein. Wie dem auch sei, ich hatte mein Ziel gefunden. Diesen Hirsch, den wollte ich!

Am Morgen versuchten wir es von der anderen Seite, aber außer nassen Füßen ernteten wir nichts. Após verwies erneut auf seine Narben, zückte seine Tabletten, ich fragte „Viagra?“, er bedeutete mir „nicht nötig“, ich reichte ihm die Flasche Wasser zum Nachtrinken; er sagte: „Schnaps!“ Ich nickte anerkennend. Dieses Ritual mit denselben kleinen Männerwitzchen wiederholte sich von nun ab bei jeder Birsch. Sieben Uhr morgens, sieben Uhr abends: „Muß!“ sprich Pillen nehmen.

Zurück zu dem Abend. Keine großen Ereignisse bei Gernot und Fritz. Nach der Birsch fuhren Gernot und ich zu Fritzens ins Häuschen und wurden dort gelabt und rundherum beköstigt, wie dann auch am Morgen nach der Frühbirsch. Für Gernot wurde extra Kaba angeschafft. Von nun an morgens und abends bei Fritzens, dafür mittags an Tisch Nr. 2. Die Morgenbirsch war bei Gernot und Fritz ebenfalls nicht sehr ertragreich gewesen. Gernot war von János und seiner Staudenschlieferei sehr angetan. So waren sie kämpfende Hirsche angegangen, hatten aber im letzten Augenblick dem schlechten Wind Tribut zollen müssen. Ergebnis: nichts gesehen.

Am Abend, dem zweiten, hockten Após, Tommy als Hilfsjäger und ich in einem von ihnen heute eigens gebauten Schirm auf gute Schußdistanz zu dem Starken von gestern. Würde sein Kahlwild die schlechte Wittrung von gestern noch im Gedächtnis haben? Sie hatten wohl. Ein jüngerer Hirsch meldete kräftig, erschien auch und ließ sich von Tommy digital verewigen. Die Dämmerung fiel, das Büchsenlicht schwand, gerade als wir gehen wollten, kam ein dunkles Brummen, kein Schrei, nur ein Anstoßen, vom Waldrand. Sie waren also da. Nur jetzt schnell fort, war die Devise für uns, und morgen auf ein Neues.

Kaum Ereignisse bei Gernot und Fritzens. Auch am kommenden Morgen. Bei mir nicht anders. Mit Após und seinem Hilfsjäger László, bei dem ich fürchtete, er würde mit seiner Körperfülle im Lada steckenbleiben, birschte ich bei Büchsenlicht zu dem Platz, wo ich meine beiden guten Hirsche erlegt hatte. Wieder meldeten dort vier oder gar fünf Hirsche. Es kostete mich einige Überzeugungskraft, daß Após ihnen für den Abendansitz nicht verfiel. – Abends war Tommy wieder mit von der Partie, was sich als Glück erweisen sollte. Früh bezogen wir den Schirm. Bald begann ein Hirsch zu melden. Doch ich war mir sicher, daß es nicht unserer war. Die Sonne sank, die Kühle des Abends beruhigte ein wenig die Mücken, Nebel stiegen, die Dämmerung begann. Immer noch war die Bühne leer. Hin und wieder hatte ein Knacken vis-à-vis im Bestand uns bedeutungsvoll anschauen lassen. „Du hören?" – Ich hören. Eine Bewegung am Bestandsrand. Kahlwild, zwei, drei – und da der Hirsch. Und nun geschah etwas Merkwürdiges. Após sagte: junger Hirsch, und ich glaubte es ihm. Ja, junger Hirsch. Schade, aber es war schon so. Schmaler Träger, kein Vorschlag. Starker, aber junger Hirsch. Der einzige von uns, der sich nicht blenden ließ, war Tommy. Diskussion zwischen den beiden in gedämpfter aber zunehmender Flüstertonlautstärke. Der Hirsch zog auf einhundert Meter an uns vorbei und folgte dem Kahlwild, das immer wieder äsend anderen Gefilden zustrebte. Schließlich sagte Após: „Du versuchen!" – „Schießen oder nicht schießen?" war meine Frage. „Du versuchen, wenn geht, schießen!" Es ging, obwohl es inzwischen dunkel und recht weit geworden war. Kugelschlag, dazu gutes Zeichnen, was Após und Tommy gesehen hatten. Durchs Zielglas hatte sich nichts mehr erkennen lassen. Es war schon schwer gewesen, das Ziel zusammenzuschauen.

Wir drei waren guter Dinge und guter Hoffnung. Sie sollte nicht trügen. Noch vor dem Wald auf der Wiese war der Hirsch verendend zusammengebrochen. Eine der gewaltigen Stangen ragte wie ein Gewächs aus dem hohen Gras und fing sich im Lichtkegel von Após' Taschenscheinwerfer. Ein gewaltiger Hirsch lag gestreckt vor uns, dessen Derbheit und Stärke der Stangen von Urkräften zeugen. Dieser Hirsch gehörte zu der mähnenlosen Rasse, die es in Ungarn immer wieder gibt. So mochten wir ihn auch im schwindenden Büchsenlicht fast verkannt haben.

Für eine stille Wacht blieb keine Zeit. Auch hier das Phänomen des Urwaldes, das ich schon vom letzten Mal her kannte: Plötzlich sind überall Menschen. Von überall her kommen und kamen sie. Nicht zu Fuß wie seinerzeit in Bosnien, als der Bär erlegt war, sondern im Auto fuhren sie an. Erst erschienen die Scheinwerfer wie Irrlichter im Dunkeln, um sich

PM
2017

bald sternförmig auf den Ort des Geschehens zuzubewegen. Mengen von Menschen, von Jägern; es wurde geredet, palavert, begutachtet, gemessen. Plötzlich war der Hirsch dank vieler kräftiger Arme verladen. Wie in einer Prozession bewegte sich der Autokorso durch die Auen und führte den Hirsch hinaus aus seinem Reich. – Als wir spät zu Bett gingen, schrie ein Hirsch unterhalb unseres Häuschens und begleitete mich in meine Träume.

Am Morgen schloß ich mich Gernot an, dem inzwischen Robi als Führer zugeteilt war. Mit von der Partie war Viktor, der Filmer. Wir beide wurden auf Birsch und Beobachtung geschickt. Wir sahen vier Hirsche und einen schwereren Keiler, die Viktors Kamera nicht entgingen. Ich glaubte nicht recht an ein gutes Ergebnis; ich sollte mich täuschen. Viktor zimmerte später einen sehr netten Streifen mit Baron und Hirschen. Wie sich zeigte, hatten wir mehr gesehen als Robi und Gernot, wir hätten auch bequem einen reifen „Acht-Kilo" erlegen können. Schöne „Zeremonia" am Vormittag. Der Sekt rann weniger die Kehle hinab als mehr zu Ehren des Hirsches. Selbst das prickelnde Getränk hätte uns nicht den Blick vernebeln können: Der Hirsch blieb sehr stark, er wurde bei Tageslicht sogar noch besser. Die bange Frage nach den Kilos stellte ich nicht. Gernot meinte: „Eigenheim weg!"

Dieser Morgen hatte bei Fritz spannende Erlebnisse gebracht, die aber nicht von Erfolg gekrönt werden konnten. So wohl auch schon der Abend vorher, als ihm ein rechter Abschußhirsch im letzten Licht begegnete. – Mit der Erfahrung des letzten Males wollte ich mich nun nach dem gestrigen Erfolg nicht zum jägerischen fünften Rad am Wagen machen lassen, um dann mit fremdem Gewehr die Hirsche zu schießen… Ich wollte weiterjagen.

So standen Após und Tommy um fünf Uhr nachmittags wieder vor unserem Häuschen. Sie genossen erst einmal die Früchte unseres Gartens. Weintrauben, die einem buchstäblich in den Mund wuchsen, rote und weiße, dazu Äpfel und Birnen. Ungarn, fruchtbares Land; im Land Kanaan flossen Milch und Honig, hier schwillt die Fruchtbarkeit aus jedem Stück Erde. Auch der Keiler labte sich daran, dessen starke Fährte zehn Meter vom Hause nagelfrisch eines Morgens im Tomatenbeet stand.

Die Münder waren noch voll, als wir uns auf den Weg machten. Ich erzählte Após, daß meine Frau über meinen Hirsch nicht begeistert war, meine Gäste solle ich zu Schuß bringen und nicht mich selber bedienen. „Du Direktor! Nicht Frau Direktor!", appellierte Após an mein Selbstwertgefühl. Was soll man da sagen, außer daß ich mich beim nächsten Telefonat bei meiner Frau meldete, „Hier spricht der ungarische Direktor..." – Após zog es zu dem Platz von meinen zwei Hirschen und dem Konzert der vier oder fünf Stimmen neulich morgens. Ich glaube, allein hätte ich es besser gemacht. Ich wäre nicht mitten hineingelaufen, um an den Maisacker und den Sitz zu kommen. Wieder röhrten vier Hirsche um uns herum in dem Bruch. Wind schlecht, überall Kahlwild, das wir wegtraten – es konnte nicht mehr viel werden. Ein Tier, dem ein junger und ein starker Hirsch folgten, rannte uns beinahe über den Haufen. Schließlich sahen wir doch vom Após-Sitz, den er unbedingt erreichen wollte und nun auch erreicht hatte, einen guten achtjährigen Hirsch. Deutlich zu jung. Das war's aber. Das Wild hatte sich entfernt. Wir versuchten es später von der anderen Seite, allerdings ohne großen Anblick zu haben außer ein paar Tieren und Spießern.

Das einzig Gute dieses Abends: Drei Schüsse fielen – Fritz hatte einen Hirsch erlegt. Dazu einen passenden, einen reizvollen, einen mittelalten Eissproßzehner. Wir „ladaten" über die abenteuerlichsten Wege in halber Schräglage, einmal in die Sterne schauend, dann wieder den Grund eines Grabens vor Augen dem Ort der Tat entgegen und schlossen dort einen beseelten Jäger in die Arme, der seinen ersten Hirsch erlegt hatte. Am Abend wurde uns die Erlegung per Video vorgeführt. Fritz hatte ja seinen filmischen Schatten immer dabei. Den jungen Mann hatten wir mit einem Gerät aus einem einschlägigen, Marc und mir bereits bekannten Geschäft in Sárvár ausgerüstet und zum Kameramann gemacht. Drei Schüsse saßen im Leben, worauf wir immer wieder hingewiesen wurden. Die letzten beiden auf den flüchtigen Hirsch auf weite Entfernung. Ich dachte an die Drückjagden im Donautal. Doch wohl gutes Training? Die Seligkeit blieb und wird Fritz in die Träume begleitet haben.

Er wird noch geruht haben, als Gernot einen Hirsch im ersten Licht des nächsten Morgens erlegte. Die .300 H&H tat ganze Arbeit. Im Schuß hatte sich der Hirsch gewendet, so daß die Kugel hinter dem Blatt eindrang und vorne am Stich austrat, ohne die Kammer zu öffnen. Der Hirsch war im Feuer gebrochen und wäre mit hoher Wahrscheinlichkeit nach einiger Zeit wieder hochgeworden, wäre nicht der Fangschuß gefallen. Somit hatte es doch Sinn gemacht, daß mir Gernot meine .300 Holland & Holland Doppelbüchse abgebettelt hatte, nachdem ich meinen Hirsch erlegt hatte. Ich sah Gernot erst bei der „Zeremonia" wieder. Wie ein Schweißhund war er nicht mehr vom Hirsch wegzubringen gewesen. Es ist ein sehr reizvoller neunjähriger ungerader Zwölfer mit weiter Auslage und starken Stangen.

Der arme Heinz Fritz entging der fürchterlichen Prozedur des Jägerschlags überm Hirsch nicht. Meine Einwände, wenn Würde, dann auch würdevoll, zählten nicht. Vielleicht stellte sich Fritz der Prozedur auch gar nicht so widerwillig. Seinem Empfinden nach mag es zum Leben als Hirschjäger gehören. Die Hirschläuse werden ihn bis in Donautal verfolgt haben.

Am Abend machte sich Gernot mit Robi auf die Suche nach einem weiteren Acht-Kilo-Hirsch. Mein Team, Após, Tommy und ich, strebte noch einmal an den Platz der vier Stimmen von gestern. Spannung von der ersten bis zur letzten Minute, aber der Hirsch blieb in der Deckung. Bei jedem Schrei schien der Wald zu erzittern, so urgewaltig klang es. Tommys Röhren auf dem Kuhhorn blieb nicht ohne Antwort; der Starke hatte sicherlich Kahlwild bei sich. Noch dazu ließ er sich durch so ein Hirschlein wie Tommy nicht aus der Reserve locken. Im letzten Licht rückten wir nochmals vor und standen an einem schmalen Streifen zwischen Wald und Mais und hofften auf das Erscheinen. Ich weiß nicht, wie lange ich im Anschlag verharrte, dann fiel die Nacht über uns herein, und ich ließ die Büchse sinken.

Morgen nach der Frühbirsch würde Fritz abreisen, dann sollte auch für mich Schluß sein. Ich wollte kein Risiko eingehen, oder sollten wir es am Abend doch noch einmal auf diesen mit der urgewaltigen Stimme versuchen? – Einmal sehen was der Morgen bringen würde, sagte ich mir, die Option für den Abend offenhaltend. Gernot hatte wenig zu berichten. Laß uns morgen, am letzten Abend, einen schönen Spaziergang machen, war sein Vorschlag. Ausklingend. – Ja, einen Spaziergang, vielleicht auch wie damals vor mehr als vierzig Jahren in Hinterzarten, als wir Schüler eines Internates waren. Damals an Jagd denkend und hoffend, heute an

Jagd denkend voller Dankbarkeit. Dankbar nicht nur für diese Tage in einem gesegneten Land, sondern auch dankbar für ein Leben.

Morgens pünktlich fünf Uhr Após vor der Tür, Robi vor der Tür. Die Sterne funkelten. Aufbruch ohne Weintrauben im Mund; ratternde Ladafahrt ins Revier und dort schwankend und schaukelnd durch alle die nun schon bekannten Löcher. „Du hören Hirsch?“ – „Nein.“ – „Ich hören Hirsch!“ – Auch ich hörte Hirsch. Heute Morgen waren sie nicht zu überhören, so daß Após nicht, wie so manches Mal, schwerhörig wie er war, mir, dem Gast, weismachen mußte: „Ich hören Hirsch.“ Im Bruch von gestern Abend war es still. Südöstlich meldete einer, dessen Stimme von keiner Jugendlichkeit sprach. Tommy drängte dorthin, Após stimmte, wie mir schien, zögernd zu. Wir querten Felder, durchstiegen Knicks und erreichten einen Hochsitz. Der Hirsch mußte auf einhundertfünfzig Meter vor uns in einer knapp hüfthohen Kultur stehen. Es war immer noch kein Büchsenlicht, den Hirsch aber sollte man schon sehen. Alle drei schauten wir uns die Augen aus dem Kopf. Unaufhörlich meldete er. Vom auf dreihundert Meter gelegenen Wald her klang Antwort. Da stand der Hirsch! Er war hochgeworden. Immer noch war es schwer, ihn anzusprechen. Im Wildbret stark, dazu starke Stangen. Nur langsam färbte sich der Morgenhimmel. Immer noch prangten Sterne. Minuten. Der Hirsch tat sich erneut nieder. Ich atmete durch. Jetzt sollte nichts mehr schiefgehen. Es würde Licht werden, wir würden ihn ansprechen können, und wenn es sein sollte, würde Zeit sein, ihn zu erlegen. Das Hirschfieber, das mich geschüttelt hatte, beruhigte sich. Ich holte das Spektiv heraus, und tatsächlich ließ sich schon etwas erkennen. Guter älterer Hirsch, war auch Após‘ Kommentar. Schießen, aber warten. Natürlich. Wir hatten ja Zeit. Plötzlich wurde der Hirsch hoch. Tommy sagte: „Anderer Piko kommen!“ Tatsächlich röhrte weiter rechts ein dritter Hirsch. Ich lag im Anschlag und ließ unseren nicht aus den Augen bzw. aus dem Fadenkreuz. Einmal wäre es möglich gewesen halb spitz von hinten, doch ich wollte kein Risiko und glaubte warten zu können. Plötzlich ging alles ganz schnell, der Hirsch wendete und zog spitz von uns weg und war bald im hohen Zeug verschwunden, so daß wir nur noch sein Geweih davonschwanken sahen. Im Schutze des immer noch herrschenden Zwielichts birschten wir nach und bezogen einen Hochsitz zweihundert Meter entfernt inmitten der Kultur. Doch nicht nah genug. Der zweite Hirsch zog auf unseren zu, sie umkreisten einander, aber zum Waffengang kam es nicht. Nebel stiegen, und wie in einem Meer bewegten sich die starken Wildkörper. Wie ein Schattentanz sah es aus. Auch der andere war ein jagdbarer Hirsch, noch reizvoller sogar, denn fast bizarr seine Auslage. Der Bizarre räumte das Feld, unserer zog in süd-östlicher Richtung ab und tauchte im Nebel unter. Alles außerhalb der Reichweite auch einer starken Patrone. Drei Hirsche meldeten nach wie vor. Der Südlichste, unserer, und einer rechts im Wald. Wir konnten akustisch an diesem Konzert teilhaben. Der Nebel war so dicht geworden – János würde sagen: zu viel Möbel (auch die können den Blick versperren) –, daß wir nichts, aber auch gar nichts sehen konnten. Die Sonne ging auf. Die Hoffnung, sie würde den Nebel verdrängen, bestätigte sich nicht. Jedenfalls nicht im Augenblick.

Unverändert schrien die Hirsche. Mit einmal hatte ich einen im Glas, doch ehe ich es sagen konnte, hatten die „Möbel" ihn schon wieder verschluckt. Die Hirsche zogen hin und her, wir saßen und versuchten, das milchige Grau zu durchdringen. Die Sonne blendete, und die Wipfel des Waldes waren bereits zu sehen, nur unten lagerte noch der Nebel. Wann hob sich endlich der Vorhang! Plötzlich verloren sich die Stimmen gen Süden, der Vorhang hob sich, die Bühne war leer. Ein herrlicher Spätsommertag war angebrochen. Die Insekten begannen zu summen, die Mücken zu stechen, eigentlich konnten wir gehen. Nirgendwo meldete mehr ein Hirsch. Após blieb sitzen. Nun gut. Ich auch. Ich genoß die schöne Aulandschaft, der Herbst kündigte sich mit wunderbaren Farben an.

Unvermeidliche Telefonazia mit Robi. Nix gesehen. Später stellte sich heraus, Hirsch auf der anderen Seite vom Fluß. Gernot schlug vor, Stiefel und Hose auszuziehen, was Robi ablehnte. Damit nix Hirsch. Mit Recht Unverständnis bei Gernot, zu Unrecht Unverständnis bei Robi. Ich wollte Gernot telefonazia sprechen und ihm vorschlagen, am Abend doch noch eine Birsch zu machen – einen Ansitz hier. Após hatte schon längst gesagt: „Du heute Abend jagen, nix schlafen!" Halb zog er mich – es hatte dessen nicht mehr bedurft – längst war ich hingesunken. Doch Robi hatte nicht kapiert, daß ich Gernot ans Telefon haben wollte. Aufgelegt. Ich sagte noch, neu anrufen. Da hörte ich Tommy: „Piko kommen!" Ein Hirsch auf dreihundert Meter. Letzte Nebelschwaden umfächelten ihn, dunkel und stark das Geweih, die hellen Enden blitzten in der Sonne. Wieder ein

Hirsch mit einem Windsor-Ende, dieses Mal auf der linken Stange. Der Hirsch zog stichgerade auf uns zu. „Schießen, wenn kommen!" hörte ich Após sagen. Immer näher, zweihundert Meter, einhundertfünfzig. Der Hirsch verhielt, hob den Windfang und drehte um. Ich sah den starken Wildkörper. Längst verfolgte ich ihn im Fadenkreuz. Jetzt verhoffte er, stand ein wenig spitz von hinten. Im Schuß sah ich den Hirsch stürzen. Heute führte ich die 7x75R SE vom Hofe Kipplaufbüchse, weil Gernot meine .300 H&H noch mit Beschlag belegte. Schnell hatte ich nachgeladen, einmal noch hob sich das starke Geweih. Durchatmen, Freude bei Após und Tommy, Benommenheit bei mir, die sich in Glück zu lösen begann. Nicht allzu lange hielt es uns auf dem Sitz.

Ein starker Ungarhirsch lag gestreckt vor uns. Das Haupt war leicht zur Seite gesunken. Ein Bild der Gelassenheit. Noch schien sein Geist nicht enteilt zu sein. Jeder von uns schien diesen besonderen Augenblick zu erfassen. Selbst Após verhielt. Dann brach die Stunde der Beute an. Das Begutachten begann, und gemeinsam ließen wir die Ereignisse des Morgens passieren. Dies wird der stärkste der vier Hirsche gewesen sein, ein Unbekannter und vielleicht der Interessanteste. Keiner der Kapitalen, aber ein reifer Vierzehnender, mit hohen Stangen, die deutlich über einen Meter messen. Dazu das auffallende Geweih, das rechts einen Wolfssproß zeigt und links ein Ende nach hinten ausgebildet hat – das Windsor-Ende, wie es in der Literatur genannt wird. Após und Tommy gingen, um den Lada zu holen. Mir war es recht, so blieben mir die Minuten allein mit dem Hirsch. Der Jäger und seine Beute. Die Sonne begann den Tau zu trocknen, Insekten summten. Sie ließen die Stille hören. Es war Tag geworden, und mit ihm begann die Geschäftigkeit.

Gernot erwartete mich am Häuschen. Er hatte natürlich längst von den Ereignissen gehört. Fritzens reisten ab. Gernot und mir blieb ein Tag der Gemeinsamkeit, des Nachdenkens, des Rückschauens, des Erinnerns. Der Spaziergang am Abend in den Auen brachte noch einmal alle Saiten dieser Tage zum Schwingen. Heitere und nachdenkliche Töne klangen nach, die Zwischentöne waren vielleicht die wertvollsten.

Damit ist die Geschichte von Ungarn, Klappe die dritte, erzählt. Am nächsten Tag Abschied vom Häuschen, Abschied vom Garten, der noch einmal in der Morgensonne alle Farben seiner üppigen Fruchtbarkeit darbot; ein Besuch beim Präsidenten, einige Höflichkeiten, dann die Autobahn fünfhundert Kilometer gen Westen.

Sárvár, 10. – 17. September 2010

Wiederholungstäter! Hirschjagen in Ungarn zum vierten Mal. Fast gehört es schon in meinen jahreszeitlichen Ablauf, und fast bin ich ein klein wenig versucht, bereits von Tradition zu sprechen. Wie war das noch am Anfang! Schalt ich nicht die Ungarnjagd Trophäenjagd? War aus dem „alten Esel“ ein noch größerer geworden? Oder hatte auch diese Jagd ihre Berechtigung und schenkte auch sie glückliche Momente?

Die Fahrt in Richtung Wien durch die schöne Landschaft von Ober- und Niederösterreich, Station in Mayerling, weiter durch das Burgenland und mit ihm die Einstimmung auf die ungarische Tiefebene in ihrer spätsommerlichen Fruchtbarkeit, ist freudig erwarteter Genuß. Dann die Menschen, die wir kennen und denen wir von Mal zu Mal näherkommen. Gábor, Após, Tommy, Robi, János, „starker“ Gábor (mutiert von dick), und nicht zuletzt sogar die Ober im Restaurant an Tisch Nr. 2. Sie fragten mich bereits: „Wie geht‘s?“ Selbst das hübsche Mädchen in der Bank zeigte Regungen des Wiedererkennens. „Bis zum nächsten Jahr“, sagte sie beim Auszahlen des Wechselgeldes. Dasselbe Häuschen wie im vorigen Jahr. Die Weintrauben wuchsen einem wieder in den Mund, obwohl sie nicht so süß waren wie letzten September. Auch die Hirsche meldeten nachts, nur der Keiler im Kartoffelbeet fehlte. Unsere netten Vermieter waren noch freundlicher und hochbesorgt um unser Wohl. Kann man da nicht schon von Tradition sprechen? – Auch Fritz mit dem Adepten Martin war wieder mit von der Partie und trug zu dem Gefühl bei, es sei alles immer so gewesen.

Nachdem Marc voriges Jahr andere Verpflichtungen hatte, war er heuer zum Glück wieder dabei. Er war ja der Spiritus Rector. So durfte er auf keinen Fall fehlen. Er brachte die „Tiroler Buben“ mit, damit war das Häuschen voll. Die Betten reichten, für jeden war eines vorhanden, doch die Belastbarkeit des Badezimmers stieß an ihre Grenzen. Vor allen Dingen bei so notorischen Duschern wie Marc und dem einen der beiden Tiroler Buben. Ich hielt mich mit diesen Aktivitäten zurück und drückte damit die Frequenz. Allerdings war ich der einzige, der ein Handtuch mithatte, sonst war die Ausstattung in diesem Punkt bei Gästen und Vermietern gering. Wir kauften Handtücher, dennoch konnten sich die Herren nicht auf die

Farben einigen. Sie gingen reihum, die Handtücher. Alle haben es überlebt, ich auch, in der Jagdhütte wäscht man sich auch nicht so viel. Nach eineinhalb Tagen und vier Birschgängen fuhren die Tiroler Buben ab. Gewaschen für den Privatjet, der am Balaton auf sie wartete, aber ohne Hirsch. Wie könnte es anders sein, wenn man die Zeit überholen will?

Marc wurde von Gábor geführt, was bestimmt sehr interessant war; denn wir wissen, daß Gábor ein Kenner des Rotwildes und ein Könner der Jagd ist. Dennoch bleibt ein Hauch des Unverständnisses. Gábor nötigte Marc, im schlechten Licht über den Stock auf mehr als zweihundert Meter auf einen Hirsch zu schießen. Dies wohl wissend, daß Marc die von Gábor als deutlich zu schwach angesehene Patrone 7x65R führt und die Frage der Nachsuche in diesem Revier nach wie vor offen ist. Oder wollte er Fritz mit seinem Hund testen? Wie auch immer. Der Hirsch zeichnete und verschwand in der Nacht. Gábor war optimistisch: Morgen finden Hirsch.

Auch dieses Mal zeigten sich wieder Sárvár'sche Mysterien. Die Nachsuche wurde erst auf halb zehn Uhr am kommenden Morgen angesetzt. Die Frühbirsch durfte nicht versäumt werden. Keiner von uns dachte wirklich an Jagd an diesem Morgen, sondern fieberte nur dem Augenblick der Nachsuche entgegen. Inzwischen war es ein heißer Spätsommertag geworden, was den Hund zusätzlich belastete. „Biene“, die Steirische Bracke, tat sich bei dem vielen Wild und den vielen Verleitfährten schwer und war deutlich überfordert. Zumal der Hund keinerlei Erfahrung auf Rotwild hatte. Nur durch Fritzens Ruhe und Erfahrung gelang es, den Hund letztendlich immer wieder auf die Fährte zu bringen. Hin und wieder wurde zur Bestätigung Schweiß gefunden. Nach zwei Stunden brachen Gábor und Robi die Nachsuche ab. Je mehr man sah, daß sich Biene schwertat, umso weniger Unterstützung kam von den beiden. Davon abgesehen schien es mir fast, als wenn sie Fritz und seinem Hund einen Nachsuchenerfolg nicht gönnten. Das wird es nicht gewesen sein, sondern die Sorge, das Revier und die Hirsche zu beunruhigen. Am Nachmittag wurde ein angeblich erfahrener Hannoverscher Schweißhund geholt und dort, wo der letzte Schweiß gefunden war, angesetzt. Der Hundeführer suchte zehn Minuten, dann brach er die Aktion als erfolglos ab – dem Hund weiß Gott nicht förderlich. Wieder blieben Fragezeichen. War es wirklich nur ein Wildbretschuß, wie der Schweißhundeführer meinte? Fritz hatte seine

Zweifel. Nun hatten wir zwei Depressive: Marc, weil er zum zweiten Mal hier in Sárvár einen Hirsch angeschweißt hatte, und Fritz, weil er die Nachsuche nicht bis zum Ende durchführen konnte. Marcs Tröstungen übernahm ich, Fritz wurde von Adept Martin behandelt.

Dieser Abend versank in Vorwürfen, Hadereien, sich im Kreis drehender Gespräche. Marc wollte sich betrinken, gab dies aufgrund der Qualität des Weines auf, ging zu Bett mit der Absicht, am nächsten Tag abzureisen. Doch die jagdlichen Lebensgeister erwachten nach einer herrlichen Morgenbirsch wieder. Die Sonne brach durch den Nebel. Überall schrien die Hirsche. Schließlich verlängerte Marc sogar um einen Tag anstatt abzureisen, doch das brachte auch keinen 10 Kilo auf die Strecke. Der einzige wohl wirklich jagdbare Hirsch, den er sah, war der beschossene gewesen.

Fritz wurde nach zwei Tagen mit vorjährigem Begleiter auf einen Trabi zurückgestuft und einem Jäger mit etwas komischen Angewohnheiten zugeteilt. Dieser leuchtete morgens im Dunkeln mit einer Taschenlampe die Wiesen nach Wild ab. Wie auch immer, sie hatten Weidmannsheil zusammen, und so waren die Merkwürdigkeiten vergessen. Am Montagabend erlegte Fritz einen starken Keiler, der sich allerdings als „uralter“

Überläufer herausstellte. Der Abtransport im Trabi muß durchaus sehenswert gewesen sein. Zwei Tage danach wartete der Hirsch. Davon aber später.

Doch zurück zum ersten Abend und noch einmal von vorne und der Reihe nach. Gábor hatte für mich einen guten Hirsch „versteckt“, wie er sich ausdrückte. Einen alten Hirsch mit einer weiten Auslage. Natürlich führte mich Após mit jugendlichem Begleiter Tommy. Unser altbewährtes Gespann. Lada-Fahrt wie immer durch Berg-und-Tal-Wege. Tommy wurde als Späher ausgesetzt. Após und ich postierten uns auf zwei Sitzstühlchen an einem Buschrain mit Blick auf ein Stoppelfeld. Der Hirsch sollte mit ein paar Stück Kahlwild aus dem Wald über das Feld an uns vorbei in Richtung eines Maisschlages ziehen. Im letzten Licht erschienen drei Tiere und ein Hirsch, den wir nicht mehr ansprechen konnten. Após glaubte nicht, es sei der Gesuchte. Das Wild dachte gar nicht daran, weiter in Richtung des Maisschlages zu wechseln, sondern äste ausgiebig auf den Stoppeln, wo herrliches Grün sprießte. Das hatte zur Folge, daß wir nicht wegkamen, ohne das Rudel zu vertreten. Wir warteten. Irgendwann aber drängte es Após doch zur Mutti nach Hause. Hirsch hin oder her. Das Wild wird sich an den Scheinwerfern und dem brummenden Gefährt nicht viel gestört haben. Als ich im Häuschen ankam, saßen Marc, die Tiroler Buben und inzwischen auch Fritz und Adept Martin um den leeren Tisch – sie wollten auf mich warten. Sie waren anscheinend unfähig, den Kühlschrank zu öffnen…

Der kommende Morgen windig und verregnet, baldige Rückkehr zum Haus und ein angenehmer Vormittagsschlaf, während draußen der Dachtrauf rauschte. Wie üblich Mittagessen an Tisch Nr. 2, dieses Mal eben zu sechst. Damit wurde Tisch Nr. 3 dazugenommen. Am Abend wieder am Buschrain auf den Sitzstühlchen. Hirsche begannen zu melden. Doch in dem Wäldchen, wo wir den Hirsch vermuteten, blieb es ruhig. Eine tiefe Stimme meldete sich von vis-à-vis. Bald zog bei vollem Büchsenlicht über das freie Feld ein starker Hirsch auf uns zu. Er kam näher. Gewaltig im Wildbret, ungeheure Auslage. Das war der Gesuchte. Após blieb zum Glück entgegen früherer Erlebnisse ruhig und sagte: Warten. Ich wartete, doch als der Hirsch sich dann einmal breit stellte, schoß ich. Der Hirsch

2017

brach im Feuer. Vorsicht ist geboten. Er wurde aber nicht mehr hoch. Schnell lief ich hin und gab den Fangschuß. Erst jetzt merkte ich, welche Entfernung es war. Ich hatte mich durch das riesige Tier gewaltig verschätzt. Es waren fast zweihundertfünfzig Meter. Dankbare Augenblicke, Freude, Freude der andern, gemeinsame. Und wieder erlebte ich das Wunder der Sternfahrt. Aus allen Richtungen kamen sie, die Jäger und Helfer. Fritz war auch mit einem Mal da und teilte Begeisterung und Staunen. Die Nachfeier im Häuschen wurde ein wenig durch Marcs zeitgleiches Erlebnis mit dem geschilderten ungewissen Schuß auf den Hirsch überschattet. Dennoch waren wir am Abend durch Gábors Optimismus noch guter Hoffnung.

Aus den Erfahrungen der letzten Jahre klug geworden, wollte ich nach diesem Erfolg unbedingt weiterjagen. Es ist hier so, entweder man jagt oder man fährt ab. Und so kommt man eben zu zwei Hirschen… Und der alten Erkenntnis nach, wenn die Kuh hin ist, ist auch das Kalbl hin, wollte ich mich nicht beschränken. Dies sehr zur Freude von Gábor und vielleicht noch mehr der von Após. Denn Após zeigte sich wild entschlossen, mich noch einmal auf einen „Kapitalhirsch“, wie er sagte, zu Schuß zu bringen. Bei aller durch seinen Schlaganfall bedingten Beeinträchtigung blieb er ein guter Stratege, was nicht zuletzt an der Kenntnis des Revieres und des Wildes lag. Dennoch schienen Gábor und Após keinen starken Hirsch zu wissen. Es waren einige gesehen worden, aber keiner bestätigt. Somit waren wir beide auf uns bzw. auf Após‘ „Spekulatio“ angewiesen. Am kommenden Abend saßen wir auf einem wunderbaren Hochsitz in einer hohen Linde dem Wald vorgelagert mit einem Blick über die weiten, immer wieder von Wald und Büschen gesäumten Felder. Dennoch wechselten wir zu meinem Leidwesen den Platz und birschten zu einem riesigen Maisfeld, weil ein Hirsch mit guter Stimme sich in die Richtung bewegte. Tatsächlich sahen wir den Hirsch auf einem schmalen Streifen zwischen Wald und Maisfeld, doch Após hätte mich nicht schießen lassen, obwohl es ein interessanter Abschußhirsch war – eben nur sieben Kilo… (und das sein schlecht für Geschäft!).

Der nächste Morgen glänzte in Sonne und Nebel und brachte, wie gesagt, Marc zurück zum jägerischen Leben. Wir hörten ebenfalls Hirsche über

Hirsche, sahen drei gute mittelalte und hatten dann den Anblick von einem starken, den wir aber nicht richtig ansprechen konnten. Er brachte einen jungen auf Schwung und verschwand sofort wieder im Dickicht. Etwas für heute Abend. Após zu mir gewandt: „Du nix sagen Audi-A8-Mann“ (was Marc war); „Du sagen, sehen drei Spießer und fertig. Du wissen, Robi großer Zigeuner.“ Wer hier wohl der wirkliche Zigeuner war?! Zu Hause bedeutete ich Marc, daß ich ihm die dreimal „Acht-Kilo“ nur unter dem tiefsten Siegel der Verschwiegenheit mitteilen könne. Eigentlich hatten wir ja nur Spießer gesehen… Após hatte den Ehrgeiz, seine Gäste zu Schuß zu bringen, und das auf die stärksten Hirsche. Da war so manches Mittel recht, Robi, der zudem noch sein Schwiegersohn ist, nicht auf die Fährte zu setzen.

Noch bei Sonnenlicht begann der gute Hirsch vom Morgen zu melden. Wenig später präsentierte er sich in seiner ganzen Stärke. Ein sehr guter Hirsch, aber deutlich unterhalb der Altersgrenze. Ein toller Anblick. Mehr als zufrieden „ladaten“ wir heim. Auf der Fahrt immer wieder die kleinen Albernheiten mit Após. Ich sagte: „Frau nix wollen ich schießen zweiten Hirsch.“ Após wie auf Knopfdruck: „Nix Frau Direktor, du Direktor!“ – „Após, du wissen, zu Hause Mutti Direktor, sonst nix zu essen.“ Após erwies sich als gewiefter Rhetoriker: „Du Direktor, sonst nix Brunft.“ – „Ja eben! Nix Brunft, wenn schießen zweiten Hirsch… !“ – Fritz hatte an diesem Abend seinen Keiler, der zum Überläufer wurde, erlegt. Bei aller Enttäuschung keine wirkliche Enttäuschung; bei mir schon gar nicht; denn der Überläufer würde nicht auf der Rechnung erscheinen, wie mir Gábor netterweise versicherte: „Wollen Keiler schießen, nicht Überläufer!“

Der nächste Morgen begann kühl und ziellos. Nach dem üblichen Verhören im Dunkeln bezogen wir ums Hellwerden einen Hochsitz mit einem Blick auf eine schmale Schneise, die in eine mit Weiden bestockte Fläche geschnitten war. Nicht sehr ermunternd. Irgendwann belebte ein Stück Schwarzwild die Szene. Die Hirsche meldeten an diesem Morgen schlecht. Weil man hin und wieder auch nach rückwärts schauen soll, drehte ich mich um. Auf achthundert Meter sah ich Kahlwild, wenig später einen Hirsch und dann noch einen und gleich darauf einen „Kapitalhirsch“. Es war wirklich ein Guter… Es blieb mir keine Zeit, das Spektiv zu zücken. Após und ich waren uns einig: Das müssen wir versuchen! Trotz Após‘

„Gehen ist schlecht" bestand ich darauf zu birschen: „Nix Auto!" – Der Wind war gut. Tatsächlich kamen wir geschickt Deckung ausnutzend näher. Das Rudel war bereits in den Wald gewechselt. Der Hirsch holte ein Tier zurück, das sich verbummelt hatte. Jetzt wäre eine Gelegenheit zum Schuß gewesen. Doch zweihundert Meter über den Stock – auch eingedenk Marcs Erlebnis – waren mir zu unsicher. Im Sitzen übers Knie war Gras davor. Após brummte; der Hirsch auch und verschwand im Wald. Jetzt bewährte sich Após' Strategie. Wir umschlugen das Wäldchen, krochen durch Büsche auf die andere Seite und blieben wie vom Schlag getroffen stehen. Ein Hirsch meldete zwanzig Meter von uns. Dann Brechen, und da verhoffte er und schrie, daß wir fast seinen Atem spürten. Ein sehr guter Hirsch, aber nur ein Beihirsch. Sein Blick ruhte für Augenblicke auf uns; wir standen bis zur Brust gedeckt. Er erkannte uns nicht und zog schließlich immer wieder röhrend zurück.

Wir setzten unseren Weg fort und erreichten einen Hochsitz, von dem aus wir eine buschige Fläche, die Rückseite des Wäldchens, in das Rudel und Hirsche eingewechselt waren, übersehen konnten. Die Hirsche verstummten, wobei der „Kapitale" nur spärlich gemeldet hatte. Hin und wieder stieß er noch an. Die Sonne begann zu wärmen, die Ereignisse schienen sich beruhigt zu haben, und wir entwickelten bereits einen Plan für den Abend. Entfernt zeigte sich ein Kälbertier. Es rätselte an unserer Spur. Mit meinen Gedanken war ich längst beim Abend. Da erschienen ein Tier und ein schwacher Beihirsch. Und Augenblicke später stieß mich Após an. Der Hirsch, der kapitale! Am Rande von Weidenbüschen verhoffte er. Ein Bild, dessen ich mich auf dem Totenbette erinnern werde. Wegen der üppigen Goldraute war nur das hohe Blatt frei. Einhundertzwanzig Meter, der Hirsch stellte sich fast breit. Ein wenig blendete die Sonne ins Zielfernrohr. Der Schuß fiel. Ich hörte keinen Kugelschlag, ich sah kein Zeichnen, wie gesund flüchtete der Hirsch auf uns zu. Fünfzig Meter konnten wir seine Flucht verfolgen, dann war er verschwunden. Er kam nicht auf der Schneise, die das Kahlwild überfiel. Das gab Hoffnung; doch meiner hatte sich sofort das Gefühl des Fehlschusses bemächtigt.

Ich will es kurz machen. Mein Gefühl trog nicht, der Hirsch war gefehlt. Bracke Biene gab ihr Bestes, nachdem Fritz und wir, Robi, Após und ich, den Anschuß gewissenhaft abgesucht hatten. Schließlich konnten wir mit an Sicherheit grenzender Wahrscheinlichkeit sagen, daß der Hirsch gefehlt war. Auch Robi, Marc und die anderen hatten von Ferne keinen Kugelschlag gehört. Dies ist nicht ausschlaggebend, aber es war ein weiteres Indiz. Nach meinem Schuß sagte Robi zu Marc: „Baron schießen Spießer, wir wissen…“ Da war einem noch zum Lachen.

Am Nachmittag machte ich einen Probeschuß. Es stellte sich heraus, daß die Doppelbüchse aus unerfindlichen Gründen fast zwanzig Zentimeter hoch schoß. Das hatte sie beim Probeschießen vor der Reise nicht getan. Und vorher auch nie. Der heurige Hirsch hatte ja auch einen Schuß, bei dem der Rücken getroffen war. Dadurch, daß hier bei dem gefehlten nur das hohe Blatt frei war, war ich automatisch hoch ins Ziel gegangen. Mit dem Hochschuß der Büchse hatte ich ihn dann überschossen. Natürlich ärgerte ich mich, aber es war keine Verzweiflung wie damals vor drei Jahren, als ich den Hirsch angeschweißt hatte, und wir an der katastrophalen Nachsuchenarbeit zerbrochen waren.

Bei unserem netten Mittagessen mit zum Draußen-Servieren bestochenen Kellnern versuchte ich meinen Zorn mit gehörig Riesling hinunterzuschwemmen. Doch abends war der Ärger wieder da. So leicht würde es nicht sein, noch einmal einen starken Hirsch zu finden. Após und Gábor schienen keinen in „Reserve“ zu haben. Der Abend versank in Orientierungslosigkeit mit ständigem Hören in Richtung des Ortes von heute Morgen. Ich hegte die Hoffnung, daß der Hirsch zurückkommt, wenn nicht heute, dann morgen oder übermorgen. Und längst war ich bereit, meinen Aufenthalt zu verlängern.

Der nächste Morgen gehörte zu denjenigen, an denen ich Após den Hals hätte umdrehen können. Links und rechts meldeten Hirsche, angeblich dort auch „Kapitalhirsch“ gesehen, und wir fuhren mitten hinein, bzw. liefen dann über die Felder ohne Rücksicht auf Wild und schreiende Hirsche. Hinter uns verstummte die Welt. Schließlich saßen wir auf dem Hochsitz an dem riesigen Maisacker, wo wir neulich abends „Sieben-Kilo-Abschuß“ gesehen hatten. Hirsche meldeten in dem Siebzig-Hektar-Mais-Schlag, doch die würden sich nicht herausbewegen. Meine Laune besserte ein netter ungerader Achter auf. So richtig einer, der einen in den Bergen freuen würde. Ich sagte zu Após, um ihn zu ärgern: „Den schieße ich jetzt!“ Worauf er mir fast das Gewehr wegnahm. Als wir dort so saßen, fiel ein Schuß. Ich dachte an Fritz, und Hoffnung keimte. Doch Após, so zuwider, wie er an diesem Morgen war: „Nachbarrevier!“

Es war nicht das Nachbarrevier, und tatsächlich hatte Fritz einen Hirsch erlegt. Es bedurfte gewisser Durchsetzungskraft von meiner Seite, Após zu bewegen, zu Fritz und seinem gestreckten Hirsch zu fahren. Große Überraschung. Es war der Hirsch, den Após, Tommy und ich am Abend vorher drei Kilometer entfernt gesehen hatten. Tommy hatte gemeint: junger Hirsch. Ich sagte: „Bitte schauen, nix können sein jung, haben Buckel und Gang wie alter Mann!“ Tommy verschwendete kaum noch einen Blick auf den Hirsch, auch Após nicht. Es war kein Hirsch in meiner „Kategorie“ – deshalb natürlich kein Interesse seitens der Jäger. Wäre er in Schußnähe gewesen, hätte ich insistiert. Nun war die Freude eine vielfache. Fritz hatte diesen hochinteressanten, uralten Hirsch erlegt, der nur noch Stangenstümpfe und einen geraden und einen abnormen Augsproß auf dem Haupte trug. Merkwürdig, auch Fritzens Jäger hatte den Hirsch als jung angesprochen, während Fritz, obwohl weiß Gott nicht rotwilderfahren, den Hirsch gleich als alt erkannt hatte. Freude und Genugtuung auf allen Seiten und unter allen Aspekten. Fritz, daß Hirsch erlegt, Trabi-Führer, daß Fritz zu Schuß gebracht, ich, daß gestern richtig angesprochen und mehr noch, daß Fritz zu Schuß gekommen und zufrieden.

Da Gábor nicht da war, machten wir unsere private Zeremonia vor dem Haus. Frau Gábor brachte eine Flasche Schampus, der Fritz durchaus zusprach, die wir aber sonst mit Freuden dem Hirsch opferten. Nachdem Bilder gemacht, die Grandeln herausgelöst, der Schampus vertilgt und geopfert war und noch die Keilerwaffen von Fritzens Überläufer gerettet waren, gingen wir zum Mittagessen. Nun waren es nur noch drei kleine Negerlein an Tisch Nr. 2. Marc war an diesem Morgen abgefahren.

Nachmittags erwartete ich Gábor und Herrn Diplom-Ingenieur P. zum Tee. Der Herr Diplom-Ingenieur stocherte in der Schichttorte herum, daß ich sie ihm am liebsten weggenommen hätte. Perlen vor die Säue. Stattdessen redete er: Tiere sein noch feucht. Daran gab es keine Zweifel. Die Brunft war in vollem Gange. Gábor erwies sich wieder einmal als bewanderter und angenehm mitteilsamer Kenner und Hüter seines Wildes und seines Revieres. Es werden mehr und mehr Flächen der Aulandschaft landwirtschaftlich umgewidmet und intensiv genutzt. Dies kommt dem

Wild äsungsmäßig zugute, wenn auch die Ruhe darunter leiden mag. Der Bestand habe deutlich zugenommen. Natürlich gälte es hier, eine Balance zu halten, denn dementsprechend ist auch der Wildschaden in empfindliche Höhen gestiegen. Es bestünde somit gar keine andere Wahl, als Hirschabschüsse zu verkaufen. Dies sei die einzige Möglichkeit, diese erfolgreiche Rotwildhege und Bewirtschaftung aufrechtzuerhalten. Dies aber nur nebenbei. Ferner seien die Wildbretgewichte deutlich besser geworden, was in erster Linie auf die anderen bereits erwähnten Hegemaßnahmen zurückzuführen sei. Das Durchschnittsgewicht bei den Tieren liegt deutlich über einhundert Kilo, das Gewicht der reifen Hirsche erreicht zweihundertzwanzig Kilo und mehr.

Após, Tommy und ein junger Jäger mit Namen Martin standen vor der Tür und drängten zum Aufbruch. Vier Personen mit genügend Jagdgerümpel im Lada sind eine sitzmäßige Herausforderung. Dazu Lada'sche „Berg-und-Tal-Fahrt". Kopf an der Decke und Knie an der Scheibe. Tommy und Martin wurden als Späher abgesetzt. Após führte mich wieder zu dem Maisplatz von heute Morgen und neulich abends. Siebzig Hektar Mais links von uns, rechts dichter Wald, dazwischen eine Schneise von vier Metern. Kein Wunder, daß ich ungehalten war. Ich wollte meine Tage nicht verlängern, um hier zu sitzen. Ein Hirsch meldete rechts von uns im Wald auf weite Entfernung. Er kam näher. Würde es wieder „Sieben-Kilo-Abschuß" sein? Auch der hatte damals eine gute Stimme gehabt. Após schüttelte den Kopf: Nicht glauben.

Der meldende Hirsch kam deutlich näher. Wie sollte das gehen: Ich sitze im Anschlag und Após spricht an. Vier Meter konnten dazu kaum reichen. Ich wußte, daß ich mich jedenfalls nicht zu irgendwelchen Schnellschuß-Aktionen hinreißen lassen würde. Immer näher der Hirsch. Und dann meinte Após, der Hirsch ziehe zu dem hinter uns liegenden Feld. Ich riet zum Abwarten. Dann war es offensichtlich. Der Hirsch strebte zum Feld. Wir kletterten vom Hochsitz, birschten wie Elefanten durch den Wald, durchstiegen den Graben, aus dem ich Após mit beiden Händen nach oben hinaufschob, und standen am Feld. Ein Tier zog hinaus und der Hirsch folgte. Guter Hirsch, da gab es keine Zweifel. Após' „Schießen" ließ nicht auf sich warten. Após' gegabelter Zielstock, den er seit meiner

PM2017

Schußverweigerung auf den nachher gefehlten Hirsch jetzt immer mitnahm, war zu niedrig. Ich schoß sitzend übers Knie. Einhundertachtzig Meter wohl. Wieder brach der Hirsch im Feuer. Und wieder wartete ich mit angeschlagener Büchse. Als ich merkte, daß er nicht mehr auf die Läufe kommen würde, eilte ich hin und gab den Fangschuß. Noch einmal ein starker Hirsch. Auch jetzt keine Zweifel ob seiner Reife und Güte. Augenblicke der Einkehr und der Zwiesprache mit dem gestreckten Wild. Dann die Geschäftigkeit der anderen, Após war heran, wenig später die beiden anderen, Tommy und Martin. Freude bei ihnen. „Guta Hirsch, guta Hirsch!“ immer wieder ihre begeisterten Worte.

Nachdem der Hirsch geborgen und zum Haus von Gábor gebracht und dort mit einem von einem anderen Gast am vorherigen Morgen erlegten alten Hirsch gestreckt, begutachtet und gewürdigt war, setzten wir uns auf die Terrasse. Die Gespräche über Hirsche, die Jagd, und schließlich mit steigendem Alkoholpegel über Gott und die Welt und nach weiteren zwei Schnäpsen über das Leben im Allgemeinen und Speziellen dauerten bis tief in die Nacht. Ich hatte einige Mal den nachgeschenkten Schnaps der heiligen ungarischen Erde geopfert. Dem hatte ich zu verdanken, daß Ausfallerscheinungen am Abend und Kopfschmerzen am Morgen ausblieben.

Am nächsten Morgen Zeremonia, stilvoll wie jedes Mal, erfüllend und abschließend und zum Schluß eine kleine Ansprache mit Dankesworten von mir. Fritz und Adept Martin fuhren ab. Ich blieb noch einen Tag, um die Erlebnisse nachzugenießen, zu ordnen und in ihrer Besonderheit zu würdigen. Der geplante abschließende Spaziergang fiel dem Regen zum Opfer. Es wurde daraus eine kleine Rundfahrt. Noch eine Nacht im Häuschen, dann Aufbruch und Abschied. Ich sprach von Tradition; Tradition lebt auch von der Erwartung auf ein nächstes Mal.

Sárvár, 9. – 17. September 2011

Als Marc mich 2006 zur Hirschjagd nach Ungarn einlud, fuhr ich ihm zuliebe mit; auch mit dem Gedanken, dieses Thema der kommerzialisierten Auslandsjagd ein für alle Mal für mich abzuhaken. Aus dem Abhaken ist nun ein fünftes Mal geworden. Die Faszination dieser Tage liegt in der Üppigkeit der jägerischen Früchte, ihrer Berechenbarkeit, ihrer Menge, ihres Reichtums und der Gewißheit, zugreifen zu können. All das widerspricht eigentlich dem notwendigen Faktum, das Jagd haben muß, um Jagd zu sein.

Freund Gernot aus Neuseeland hatte nach Schwächeln und Absage der Reise nach Deutschland doch in einem neuerlichen Anlauf den richtigen Weg gefunden und war zwar zu spät für die Rehböcke, aber noch gerade passend für Sárvár in Deutschland gelandet. – Da ich inzwischen in jedes Kino gehen darf, den Führerschein habe und volljährig bin, spielt der Geburtstag nicht mehr eine solche Rolle. So konnten wir getrost am 9. September um sechs Uhr in der Früh nach Sárvár starten. Wir erreichten den Ort vor der Mittagsstunde, sprachen beim „Präsidenten" vor und erfuhren die Neuigkeiten. Präsident Gábor wußte von viel Rotwild zu berichten, aber die alten Hirsche schienen sich noch in Deckung zu halten. Jedenfalls wiegte er nicht recht wissend den Kopf. Gernot und ich blieben guten Mutes, bezogen das Häuschen, das, von gewissen baulichen Veränderungen abgesehen, unverändert war. Die Trauben waren süß wie eh; wie hoch die hirschmäßigen Trauben hingen, würde sich allerdings noch zeigen. Jedenfalls gingen wir erst einmal zum Essen. Selber Ort, selber Platz, Tisch Nr. 2. – Kurz vor der Abendbirsch reisten Marc und Andreas B. mit ordentlicher PS-Zahl an.

Gernot sah an diesem Abend einen alten starken Hirsch. Er bewahrte allerdings kühlen Kopf. „Zehn Kilo, können sein zehn plus!" war die Aussage von „starkem" Gábor, der Gernot führte. Die sichtbare Reife und das Alter des Hirsches wären die Sünde wert gewesen. Für so etwas kann man schon einmal Haus und Hof geben… Dieser Hirsch sollte uns begleiten. – Von uns anderen drei gab es an diesem Abend wenig zu berichten. Marc hatte Präsident Gábor den 9. September verraten und ihn zu einer kleinen Einladung animiert. So gab es ein Geburtstagsessen, zu dem ein uralter

Wels, dessen Bild wir bewundern durften, zur Suppe verkocht war. Sie rumorte in uns für vierundzwanzig Stunden. Der Schampus, der sonst über den Hirsch lief, tat auch seine Wirkung. Trotzdem war es ein stimmiger Auftakt zu diesen Tagen, von dem wir Erwartung und Hoffnung mit in die Nacht hinausnahmen.

Der nächste Morgen entsprach dem nicht ganz. Vielleicht lag es auch an der Fischsuppe, die speziell mich immer noch begleitete. Marc und Andreas hatten nach der Morgenbirsch ebenfalls wenig zu berichten. Selbst bei Gernot brachte der Morgen eine deutliche Ernüchterung: ein Eichhörnchen. Marc sah darin bereits den ersten Schritt zur Verführung. Noch zwei Tage mit Eichhörnchen und vielleicht dem einen oder anderen Hirschlein, und die Bereitschaft für 11 Kilo würde steigen…

Am Sonntagmorgen konnte ich für eine gewisse Entspannung bei der Jagdleitung sorgen. Ich erlegte einen Hirsch. Após zeigte sich wieder einmal als guter Stratege. Wir erwarteten den meldenden Hirsch auf einer Schneise in dem vierzigjährigen Eichenbestand. Der Hirsch kam, verhoffte und zeichnete gewaltig auf die Blattkugel. Augenblicke später hörten wir ihn im Bestand zusammenbrechen. Nun ritt Após der Teufel, er wollte an diesem Morgen – und dies, wie er sagte, zum zweiten Mal in seinem Jagdführerleben – einen zweiten Hirsch auf einer Birsch erlegen. Nur seine Ungeduld und seine für manche alten Jäger so typische Wurschtigkeit bewahrten mich vor diesem Schicksal. Dennoch – oder gerade deshalb – war es ein denkwürdiger Morgen. Wir birschten zu dritt, Após vorneweg mit dem Horn röhrend, dahinter ich, zum Schluß Hilfsjäger Martin. Der Bestand der vierzigjährigen Eichen war gut durchforstet und gewährte immer wieder Sicht auf fünfzig bis sechzig Meter. Hirsche meldeten um uns herum. Após röhrte aus vollem Halse, was überhaupt nicht nach Herzschwäche klang. Drei Hirsche standen fast gleichzeitig zu. Überall rumpelte es, röhrte, Wellen von Brunftwittrung schlugen uns entgegen. Wären wir stehengeblieben, hätte ich mich unweigerlich Após‘ Traum vom zweiten Hirsch nicht widersetzen können. Es waren alles starke Hirsche, und längst hatte auch mich das Jagdfieber gepackt. Dennoch schützte mich ein guter Geist davor, indem er sich Após‘ Tapsigkeit bediente. Die „Gefahr“ war so schnell nicht gebannt. Wieder kam ein Hirsch, jetzt vielleicht der stärkste von allen. Ein Baum deckte sein Blatt. In dem Augenblick

brach seitlich ein weiterer, der sich in guter Deckung fast lautlos genähert hatte, fort. Ich konnte aufatmen, und Após konnte vom ewigen Geröhre Luft holen. Enttäuschung bei ihm, Freude über das Erlebte bei mir. Nun gingen wir endlich zu dem Gestreckten. Wahrlich ein guter Hirsch. Ich freute mich riesig, und langsam konnte auch Após seinen Traum vom zweiten Hirsch vergessen. Marc und Andreas kamen mit Birschführer Robi und Imré. Wie immer hatte sich die Kunde vom erlegten Hirsch lauffeuerartig verbreitet.

Bei den folgenden Birschen verbiß sich Gernot mit starkem Gábor in einen noch nie geschauten Hirsch am Wasserreservoir. Marc dachte aufgrund der Börsenentwicklung nur noch an ein Kalb, höchstens bei leichter Kursbelebung an Spießer… Andreas konzentrierte sich mit Imré auf einen alten starken Hirsch an dem hohen Eichensitz. Ich tappte mit Após Morgen für Morgen im Eichenwald umher. Abends fiel uns nicht viel mehr ein. Junge Hirsche zeigten sich uns allen, aber der Alt-Kapitale, auf den die Jägerschaft vielleicht sogar mehr als wir zwecks Wirtschaftlichkeit hoffte, blieb unsichtbar. Auch die große Lagebesprechung der Jäger vor der Birsch, wenn sie morgens um halb fünf Uhr oder abends um halb sechs Uhr zu unserem Häuschen kamen, um uns abzuholen, brachte nicht wirklich neue Erkenntnisse, weder für sie, geschweige denn für uns. Es hörte sich zwar an, als besprächen sie ganze Hirschrudel, in Wirklichkeit werden sie aber eher über „junge Baron“ und „alte Baron“ gesprochen haben. Wir haben ja auch genügend über sie gekichert; dementsprechend müssen wir ihnen einen ähnlichen Gedankenaustausch zugestehen… Junger Baron, sprich Marc, erregt immer sehr die Aufmerksamkeit. Sei es durch chromblitzende, PS-starke Karossen – wenn auch der 550 PS-Range Rover dieses Mal einem anderen jungen Baron zuzuordnen war –, oder sei es durch sein ständiges Lamentieren über Kilometer und Börsenkurse, die diametral zueinander verliefen, oder auch durch den Umstand, daß Marc der einzige ist, der Berufsjäger und Birschführer Robi zum Lachen bringt. Eine durchaus bemerkenswerte Leistung.

Die Nervosität der Jagdleitung, die an die Wildschäden und die Jagdkasse dachte, stieg deutlich. Während die Ruhe bei den Jagdgästen zunahm, nach dem Prinzip: Haha, Herr Diplom-Ingenieur müssen zahlen zurück…

Der Dienstagmorgen brachte Bewegung in die Geschichte. Andreas erlegte einen reifen Zwölfer. Der Tag verging in großer Freude mit einem doppelten Liter Riesling an Tisch Nr. 2.

Gernots Alt-Kapitaler vom ersten Abend war wieder ins Blickfeld gerückt. Doch auch an Marcs letztem Abend ließ er sich nicht bitten. Stattdessen zeigte sich ein „Neun-Kilo“ mit einem starken Rudel, den Robi für jung hielt. Schließlich schloß er sich Marcs gegenteiliger Meinung an. Die Laufschritt-Birsch von Robi hielt der Hirsch nicht aus. Auch der volle Mond brachte ihn nicht mehr zurück. Sie hörten ihn noch lange im Bestand melden. Andreas hatte keinen Anblick. Gernot saß am Wasserreservoir mit starkem Gábor und hoffte zum letzten Mal auf den Anblick des Nie-Geschauten, und ich lauschte mit Após einem stimmgewaltigen Alt-Kapitalen, der auf die Schneise ziehend zum Jüngling mit Zukunft downgeratet wurde.

Am nächsten Morgen letzte Birsch für Marc und Andreas. Andreas vollführte sie in seinen Träumen und bereitete sich damit auf fünfhundert Kilometer Autofahrt gen Westen vor. Marcs und Robis Wege kreuzten sich im Eichenwald mit Após und meinen, und dies dank Após‘ mangelnder Bereitschaft, sich auf ein Birschgebiet zu beschränken. Após verzweifelte schließlich an der Ungerechtigkeit der Welt, nicht den ganzen Eichenwald für sich und uns zu haben, und brachte mich zeitig zu unserem Häuschen zurück. Marc blieb lange draußen. Längst stampften die Range-Rover-Rosse mit den 550-PS-Hufen. Andreas ertrug es mit stoischer Geduld. Eigentlich war es Marc, der irgendwann am Nachmittag schon wieder in heimischen Gefilden sein wollte. Robi hatte alles aufgeboten, um Marc doch noch zu Schuß zu bringen, aber mehr als ein „Acht-Kilo“ zeigte sich nicht, den Marc dann auch nicht wollte. Dies allerdings mehr in Hinsicht auf das wenig erfreuliche Schießen in letzter Minute. Marc und Andreas sagten Sárvár für ein Jahr Lebewohl. Andreas mit gutem Hirsch, Marc mit Gutschrift auf Konto. Beide nicht unzufrieden.

Nachdem sich Marc vergeblich auf Gernots Alt-Kapitalen vom ersten Abend versucht hatte, und Gernot sich nach wie vor weigerte, obwohl er mit diesem Morgen und einem Angehversuch die Jagd auf den Unsichtbaren am Wasserreservoir aufgegeben hatte, sah ich mich verpflichtet, mich des Hirsches anzunehmen. Após war nicht begeistert. Er hatte andere Pläne für den Abend gehabt. Vielleicht mag es auch so zu erklären sein, daß er den alten Hirsch, der bei vollem Büchsenlicht aus der Dickung wechselte, um ein Kälbertier zurück in den Bestand zu treiben, einmal ohne Stimme röhrte, wie es Gernot bereits beobachtet hatte, für jung hielt. Da er außerhalb der Schußentfernung blieb, hielt ich mich mit einer Debatte über Altersmerkmale zurück. Im letzten Licht erschien Marcs Neun-Kilo-Hirsch, den wir aber nicht mehr ansprechen konnten.

Beim letzten mitgebrachten bayerischen Bier überlegten Gernot und ich, was Após bewogen haben mochte, den Hirsch für jung zu halten. War es sein Unwille, sein durch Gábors deutlich vernehmbare Ermahnung geängstigtes Auge, oder war es die Blindheit, mit der man manches Mal geschlagen ist? Waren es anreisende Gäste, die auf den Hirsch jagen sollten? Oder war es gar ein anderer Hirsch gewesen, und ich hatte nur sehen wollen, was es nicht gab? Dank einer Ortsbestimmung mittels Skizze und dem „stimmlosen“ Röhren konnten wir letzteres ausschließen.

Der Morgen mit Após wieder im Eichenwald. Meinerseits ein wenig gelangweilt. Ich wußte nicht, was er dort zum fünften Mal wollte. Am anderen Ende des Waldes im Feld trafen wir auf einen passenden Acht-Kilo-Geweihträger. Nicht ganz jung. Após kommunizierte dies per Telefonazia an Robi, der mit Gernot in der Nähe war. Sie kamen im Laufschritt, doch da sie nicht schneller als der Wind waren, erreichte der zuerst Hirsch und Kahlwild. – Am Vormittag rief ich Gábor an und berichtete ihm von Após‘ Beurteilung des Gernot-Hirsches, den wir inzwischen nach seinem Entdecker getauft hatten. Gábor sah den Hirsch zwischenzeitlich ebenfalls. Er versprach, es am Abend mit mir auf ihn zu versuchen. Gernot und ich gönnten uns eine Fahrt ins Revier und nahmen den Platz des Abends und kommender Ereignisse in erwartungsvoller Unruhe unter die Lupe. Die Spannung stieg und begleitete uns zu Tisch Nr. 2.

Zum ersten Mal nun führte mich Gábor. Após sah das mit äußerstem Unwillen und beklagte sich bitterlich bei Gernot über diese „Rückstufung“, die keine war, was er aber so empfand. Fünf Jahre seien wir Birsch für Birsch zusammen unterwegs gewesen, und nun das! Auf der anderen Seite schien er die Gelegenheit zu nutzen, Gernot ein wenig nach mir auszufragen. Da Após und ich wie ein altes Ehepaar nur das Nötigste miteinander sprachen, weil mir eine Unterhaltung meist zu mühsam war, bestand wohl ein deutlicher Informationsnachholbedarf. Após' Vor-sich-hin-Granteln und schlitzohriges Fragen nach altem Baron wechselten sich ab, wie Gernot später erzählte.

Große Enttäuschung! Gábor und ich mußten uns eine andere Stelle suchen, denn an dem Platz vom Gernot-Hirsch machte der Bauer Silo. Gábor drehte um und fuhr mit mir an den großen Soja-Schlag, auf den Após und ich allmorgendlich nach unserem „Bummel" durch den Eichenwald schauten. Wir hatten dort an einem der vorherigen Abende einen sehr starken, fast schon als kapital zu bezeichnenden jungen Sechzehnender gesehen. Gábor hatte einen anderen im Sinn, den er hier vor zehn Tagen einmal im letzten Licht vorgehabt hatte. Einen ganz Starken wie er sagte. Gábor röhrte fast ohne Unterlaß, Hirsche antworteten, aber der Starke ließ sich nicht bitten, obwohl man ihn hin und wieder anstoßen hörte. Eine dunkle Stimme meldete aus dem unübersehbaren Gebiet von Schilf, Wasser, Erlen- und Weidendickichten des Raab-Flusses, wo immer die alten guten Hirsche stehen und brunften. Mancher von ihnen bleibt selbst Gábors Auge verborgen. Der alte Hirsch versteht es blendend, das brunftige Stück im Bestand zu halten, während das Rudel längst draußen auf dem Feld äst. Gábor erzählte, es sei ihm einige Male passiert, daß auf den Ruf des starken Hirsches ein Stück Kahlwild zugestanden ist. Der Hirsch folgte, um es zurückzuholen. Manches Mal hätte das Tier unter den Geweihschlägen geklagt – das sei ihm, dem Hirsch, dann mit einer Kugel heimgezahlt worden… – Der Alte kam nicht, und wir kehrten umzingelt von Hirschen bei Dunkelheit zum Auto zurück.

Gernots Ansitz mit Após im Eichenwald blieb ohne bemerkenswerten Anblick. Auch der späte Wechsel an die äußerste Ecke des Sojafeldes brachte keine Erkenntnisse. Als Após auf der Rückfahrt mit Gábor telefonierte, mußten Gernot und Hilfsjäger Martin aussteigen. Am nächsten Morgen klärte sich die Geschichte: Após hatte von Gábor telefonisch eine Abreibung bekommen, weil er sich wieder nicht an die Abmachung gehalten hatte. Sein Vorschleichen an den Soja-Schlag, wo wir gesessen hatten, war nicht unentdeckt geblieben.

Nächster Morgen halb fünf. Após erschien ausnahmsweise nicht schon eine halbe Stunde früher wie an den anderen Tagen. Wahrscheinlich immer noch beleidigt sein… Als er schließlich kam, versicherte ihm Gernot, daß es eine große Ehre für ihn – Gernot – sei, mit einem so erfahrenen Jäger wie Após gehen zu können. Ich bin sicher das half – Gernot allerdings meinte nein… Gernots und Após' Morgen verlief nicht schlecht. Sie sahen zwei jagdbare Hirsche, denen sie aber nicht näherkamen. Zumindest Hoffnung für den Abend.

Gábor führte mich in ein Gebiet, das ich noch nicht kannte. Es lag in dem Bruch zwischen toten Flußarmen der Raab. Wir hörten Hirsche melden. Zwischendrin ein mürrisches Anstoßen. Gábor prüfte immer wieder den Wind, röhrte fast ununterbrochen beim Birschen, und näherte sich schnellen Schrittes der starken Stimme. Wieder drehte der Wind. Wir kehrten um und umschlugen einen Erlenbruch. Hin und wieder kam Antwort von der starken Stimme auf Gábors Röhren. Gábor strebte einem Hochsitz zu und klomm schnell hinauf. Ich folgte und sah sofort jenseits eines Schilfgürtels einen starken Hirsch. Eigentlich erkannte ich nur den riesigen Wildkörper und irgendein Geweih, das mir, schemenhaft wie es war, sehr stark vorkam. „Schießen!" Ich flüsterte: „Noch sehr dunkel." Doch ich wußte: Hopp oder top. Der Wind war unsicher, dazu stand der Hirsch in einer schmalen Lücke. Ein paar Stück Kahlwild bewegten sich um den riesig wirkenden Hirsch. Nur ein paar Meter nach links oder rechts, und er wäre verschwunden. Einhundert Meter, vielleicht ein wenig mehr, auf ein so großes Ziel trotz schlechtem Licht – es mußte gehen! Und es ging. Ich hörte Kugelschlag, sah aber, vom Mündungsfeuer geblendet, kein Zeichen. Der Hirsch war gebrochen, versuchte wieder auf die Läufe zu kommen. Der zweite Schuß ging fehl. Wild schlug der Hirsch mit dem Geweih und versuchte erneut auf die Läufe zu kommen. Tatsächlich stand er plötzlich, der Schuß fiel. Gábor sagte lakonisch: „Jetzt gehört er uns." – Und er tat es. Wir mußten zurückgehen und den Erlenbruch umschlagen. Dann sah ich eine riesige Stange aus dem Soja-Feld herausragen. Es verschlug mir die Sprache, und ich gewann sie so bald nicht wieder. Was für ein Hirsch! Gewaltig ist das einzige Wort, das mir einfiel. Enden über Enden, armdicke Stangen, acht Enden in jeder Krone, zweiundzwanzig im Ganzen. Gábor ist bei aller Geschäftstüchtigkeit ein feinfühliger Mensch. Er gönnte mir diese Momente des sprachlosen Betrachtens. Er drängte nicht. Vielleicht war auch er beeindruckt. Er hatte

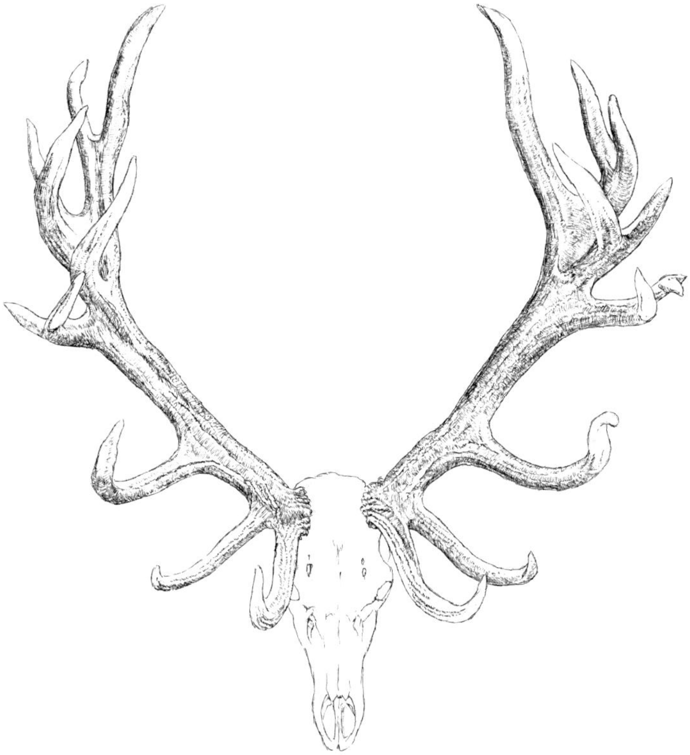

den Hirsch nicht gekannt. Ein echter „Zeremonia-Hirsch" wie er meinte – für mich und für ihn…

Zeremonia am Vormittag. Wieder fast fassungsloses Staunen vor der Stärke des Hirsches. Noch einmal Augenblicke der stillen Zwiesprache als das Signal „Hirsch-tot" und „Halali" erklang. Dann begannen andere ihr Werk.

Daß wir am Vormittag wegen P. unser Häuschen räumen und in eine kleine Schrottlaube umziehen mußten, wog nun nicht mehr schwer. Unsere nette Vermieterin, die gleich Gernots Frauenflüsterertum erlegen war, half in reizender Weise. Allerdings wurde Gernot stark von Após flankiert. Após schien einem Jungbrunnen entstiegen zu sein und mutierte nun zum röhrenden und treibenden Hirsch. Auch die letzten Reste des noch vorhandenen Zorns über Nicht-gehen-können mit altem Baron waren vergessen.

Wir ahnten nicht, daß das Mittagessen an Tisch Nr. 2 unser letztes sein würde. Gábor holte uns zur gewohnten Stunde ab. Angeblich war wieder der Weg zu Gernots Hirsch durch den Bauern versperrt. Heute wäre Gernot bereit gewesen… Marcs Voraussage hatte sich erfüllt. Nun ein anderer Platz. Gábor jr. und ich blieben auf einem Hochsitz zurück. Gábor sen. und Gernot birschten weiter in die Nähe einer hohen Eichenleiter mit weitem Blick über ein Sojafeld. Eine Viertelstunde später – die beiden hatten gerade fünf Minuten auf dem Hochsitz gesessen – fiel Gernots Schuß. Gábor jr. vermeldete mir Kugelschlag, den ich nicht gehört hatte. Nach wenigen Minuten und einer „Telefonazia“ wußte er: Hirsch liegt. Bald standen wir gemeinsam vor einem alten Hirsch mit einem weit ausgelegten Geweih und einer bizarren Krone. Die letzten Strahlen der Sonne lagen auf den Wipfeln. Sie leuchteten über unserem Jagen, das so reich war in diesen Tagen und das mit diesem Erfolg für uns beide gekrönt wurde.

Noch ein Abend im Schrott-Häusl. Jeder Ort war heute recht, das Glück überstrahlte alles. Am nächsten Tag Zeremonia für einen alten, weit ausgelegten Ungarhirsch, der bald seine Reise nach Neuseeland antreten und dort seinen Erleger an diese Tage voller Schönheit erinnern wird.

Sárvár, 10. – 17. September 2012

Nach sechs Jahren zum sechsten Mal zum Hirschjagen in Sárvár. Zum vierten Mal in unserem „Gartenhäuschen“, zum zweiten Mal – bedauerlicherweise – ohne Marc und zum ersten Mal mit Klaus. Wird es für etwas auch ein drittes Mal geben?

Wir kamen in das Land der verbrannten Erde. Wochenlang hatte es nicht geregnet. Unbändig heiß waren der Juli und August gewesen. Entlaubte Bäume, verdorrte Maisfelder, braune Wiesen zogen sich längs der Straße nach Sárvár. Und in Sárvár nicht anders. Wo in den Jahren vorher fette Wiesen das Wild zur Äsung lockten, herrschte trockene Öde; wo voriges Jahr Soja ein Magnet für das Wild war, lagen nun blanke, längst abgeerntete Äcker. Ein paar Maisfelder machten mit ihren dürren Strünken nicht den Eindruck, als würde das Wild daran Freude haben.

Als wir unsere Aufwartung bei Gábor machten, sah ich die Sache noch gelassen, weil wir nicht im Revier gewesen waren, und Gábors verhaltenen Worten zur Lage kein so großes Gewicht beimaßen. Auch voriges Jahr wußte er nicht gleich von „für uns versteckten Hirschen“ zu berichten, was ja, wie man weiß, sich sehr bald anders dargestellt hatte. Die Brunft habe wieder extrem früh, bereits am 8. August, begonnen. Ich nahm dieses Datum als ein gutes Omen (mein Hochzeitstag). – All der verhaltenen Nachrichten nicht genug: Der interessanteste Hirsch war bereits erlegt. Ein starker, abnormer Hirsch, der wohl am Ende seines zweiten Lebensjahrzehnts stand: kaum zu umfassende, fast endenlose Stangen, auf der rechten Seite aber eine gewaltige Viererkrone. Klaus meinte, eigentlich könnten wir wieder abfahren…

Doch ein erstes Mal gab es auch: Mein Jäger würde Robi sein. Sonst war Robi immer Marc vorbehalten, ich war ja auf Após abonniert. Würden wir miteinander etwas ausrichten können? Marc hat mit Robi nie einen Hirsch erlegt. – Klaus würde mit Imré zurechtkommen müssen. Ich wußte nicht, ob mir diese Vorzeichen gefielen.

Am ersten Abend und dem folgenden Morgen an einer Schneise kamen wir über mäßigen Anblick von einigen jungen Hirschen, die sich als „Grölemeiers“ entpuppten, nicht hinaus. Die alten Hirsche standen auf einem

Fleck und meldeten spärlich. Es klang müde. Dementsprechend ideenlos schienen Gábor und seine Jägerschaft zu sein. Wo sollte man auf einen Platzhirsch jagen, wenn das Kahlwild nirgends zu einer Äsung zog? Das beste Grün fand es in den Dickungen, Schilf- und Bruchgebieten. Es war sicherlich richtig, dort nach einem alten Hirsch zu suchen oder auf ihn zu warten. So ganz war das nicht meine Vorstellung von Jagd in Sárvár, was wiederum nicht so unbedingt für meinen jägerischen Anspruch sprach, wie ich selbstkritisch konstatieren mußte. Klaus schien es allerdings ähnlich zu ergehen.

Der zweite Tag mit Abend und Morgen war vom Platz her ein wenig „inspirierender", doch außer den wichtigtuerischen Junghirschen, die mich wieder an den Herrn mit dem Pseudogesang erinnerten, gab es auch von dort nichts zu berichten. Klaus hatte junge Hirsche vor, die fast noch wie in einem Feisthirschrudel zusammen zogen.

Vom „Gernot-Hirsch" wußte niemand etwas, oder wollte nichts wissen. Klaus und ich unternahmen eine Cross Country Tour dorthin, wo Gernot und ich ihn voriges Jahr gesehen hatten. Auch dort nur blanker Acker und brauntote Wiesen. Der nächste Morgenansitz führte uns auf die andere Seite des schmalen Wäldchens, wo der Hirsch voriges Jahr seinen Einstand hatte. Es war nur ein Hauch von Hoffnung, ihn vielleicht anzutreffen. Oder ist er doch irgendwo dort um die Wege? Denn bei dem großen Rudel, das wir vorhatten, standen nur mittelalte Hirsche.

Und noch ein erstes Mal: Am dritten Tag Temperatursturz und Sturm. Jedem Seemann hätte das Herz höhergeschlagen. Auf dem Hochsitz kam man sich vor wie in einem Mastkorb. Und zu allem Unglück noch ein weiteres erstes Mal: Der Ober an Tisch Nr. 2 lud uns für den Mittag aus, „kommen Gruup…" Wenn man zum Fremdgehen gezwungen wird… – oder anders gesagt: Gelegenheit macht Diebe. Wir fühlten uns bei Rehmedaillons und reizender Piroschka-Bedienung im Grandhotel ausgesprochen wohl. Wir sagten uns dort bereits für den kommenden Tag auch auf die Gefahr hin an, daß wir vorher noch einmal zur Bank gehen müßten. Da aber alles so ausschaute, als wenn „Haha, Herr Diplom-Ingenieur müssen zahlen zurück", sollte uns das nicht kratzen.

Von der jagdlichen Seite gab es nicht viel zu berichten. Beim Morgenansitz am Platz der Plätze, dort, wo ich die beiden ersten Hirsche erlegt hatte, präsentierte sich ein etwas reiferer Hirsch, einige Sauen und später ein Rudel von Zweite-Kopf-Herren. Der Abend vorher hatte dort schon ein seltenes Erlebnis gebracht, nämlich den Anblick von keinem Stück Rotwild. Ich glaube, in meiner Sárvár-Geschichte auch wieder ein erstes Mal. Dies insgesamt kann als ein äußerst mäßiges Ergebnis gemessen an der Trächtigkeit des „Platzes der Plätze“ und seines Spiritus Loci betrachtet werden – und das in nächster Nähe der besten Einstände. Auf dem Weg zu einem späteren Morgenansitz an einer Suhle hielt mein schöner neuer Zielstock die Umfunktionierung zum Bergstock nicht aus. Er brach, und ich saß im Matsch auf dem Hosenboden.

Der Sturm heulte ums Haus, der Regen peitschte gegen die Scheiben, da klopfte es an die Türe, so als wenn Rübezahl draußen stände. Ich öffnete und schaute in das lachende Gesicht von Após. Após! Nun würde alles besser werden. Auch Klaus entkam dem Bruderkuss nicht, was ihm ein wenig ungewohnt schien, zumindest aber war er damit aufgenommen in den Kreis der Menschen, die Após liebt. Es sollte tatsächlich Bewegung in die Jagd kommen. Die Hirsche waren durch das Wetter aus ihrer hitzebedingten Brunftstarre erwacht; durch die Jäger schien ein Motivationsschub zu gehen, und wir spürten die Inspiration…

Klaus sah gleich am Abend mit Após einen mittelalten Hirsch, der zwar fürs Nach-vorne-Entladen nicht in Frage kam, der aber eine hirschmäßige Aufwärtsentwicklung andeutete. Ich saß mit Robi wieder an dem Maisfeld, dem Platz der Plätze. Zum Glück waren wir eine halbe Stunde früher vom Haus aufgebrochen, sonst wäre uns wohl das Folgende entgangen. Der Sturm tobte, und auf dem Hochsitz schlug uns der Regen ins Gesicht. Nicht gerade ein Wetter, um in Hirscheuphorie zu verfallen. Da stieß ein Hirsch an. Ein tiefer Grohner, nicht weit, nah, trotzdem ein wenig vom Wind vertragen. Zumindest waren wir nicht alleine – und der Abend lag noch vor uns. Ich schaute gerade einer Rehgeiß zu – hier ein nichtbeachtetes, fast mißachtetes Wild – als mich Robi anstieß. Ein Hirsch. Ein starker Hirsch verhoffte am Dickungsrand. Er wendete einige Male das Haupt und zog dann am Waldrand entlang, immer wieder von übriggebliebenen Maisstrünken gedeckt. Wir erkannten einen Sproß nach hinten. Ich dachte an den hier erlegten 2007er-Hirsch, der ebenfalls diesen Rücksproß hat. Kurze Beratschlagung. Alter sollte passen. „Du probieren!“

Der Hirsch zog und war fast schon in der Waldecke, wo er seine „Runde" beenden und einwechseln würde. Robi röhrte ihn an. Der Hirsch verhoffte, und er verhoffte gerade so, daß das Blatt nicht von Maisstengeln verdeckt war. Schuß, Kugelschlag und starkes Zeichnen. „Gut Schuß!" meinte Robi. „Du hier warten, ich holen László." László war unser allabendlicher Begleiter, der Späherdienste zu leisten hatte. Nach zwanzig Minuten waren sie wieder da. Nun kam die Sárvár'sche Nachsuche: Wir drei schwärmten in die vermeintliche Fluchtrichtung aus. Ich fragte mich bereits, was wir machen würden, wenn unsere Suchaktion heute Abend nicht zum Erfolg führte. Müßten wir einen Schweißhund aus achtzig Kilometer Entfernung beordern?

Es sollte nicht nötig werden. Lászlós Ruf klang wie eine Erlösung. Und dann bot sich uns ein Anblick, der wieder einmal das Herz fast zum Stillstand brachte. Viel stärker der Hirsch als angesprochen, und dazu ein Rücksproß, ein Windsor-Ende, nicht nur das: Es stellt in seiner merkwürdig liegenden T-Form eine hochgradige Abnormität dar. Momente der Einkehr und des Glücks, in denen die Welt einen Augenblick stillzustehen scheint. Dann bald die Geschäftigkeit und die Menschen, die von allen Seiten herankommen, die später die helfenden Hände sind, dieses riesige Tier zu bergen.

Und nun gibt es bei dieser Reise auch das „dritte Mal", von dem ich sprach und nach dem ich anfänglich suchte: Es ist der dritte Kapital-Hirsch an diesem Platz.

Natürlich weiterjagen. Die Erfahrung lehrt es. Zum Glück der nächste Morgen aber ereignislos, nacherlebend geläutert, auch ein wenig bei Robi, wie mir vorkam. – Erneute Steigerung dagegen bei Klaus. Er sah mit Após drei gute Hirsche, davon einen „10 Kilo", aber jung. Weiterhin stimmte die Richtung…

Der Abend hätte der glücklichste und erfüllteste werden können. Erst ein Schuß bei mir, dann einer bei Klaus. Bei mir war eine lange Birsch durch den Eichenwald vorausgegangen. Es war wie eine Stimme, der wir folgten. Es war auch eine, und schließlich gehörte sie zu einem starken Hirsch, der frei auf dem Feld stand und dem Rudel sein Kommen ankündigte. Zehn Tiere ästen umblökt von einem Unwürdigen, der leider das Fallen seines großen Rivalen mit ansehen durfte. Der Schuß hatte ihn

PM
2017

nicht einmal vertrieben. Ein guter Ungarhirsch lag gestreckt vor uns. Sein Verlöschen war das eines Königs. Die Seele schien noch in ihm zu sein. Sie konnte langsam gehen und über den großen Fluß in das Paradies gelangen. Ich war ihm sehr nahe, und beinahe beneidete ich ihn, daß er schon die andere Welt schaute. Das sollte nicht mein Tun rechtfertigen, doch ich fühlte mich als Wesen ihm verbunden.

Ein Bilderbuch-Vierzehnender mit nicht sehr hohen, aber starken Stangen und wieder gewaltigen Mittelenden, die so typisch für die Sárvár-Hirsche sind.

Klausens Kugel hatte kein Leben gefaßt. Eine Bewegung des Hirsches während des Schusses ließ ihn den Hirsch zu weit hinten treffen. Der Nachsuche am Morgen sah ich anfangs optimistisch entgegen, denn es schien Leberschweiß zu sein, den man auf der Fährte gefunden hatte. Doch zwei Schweißhunde konnten nichts ausrichten. Erst der eine, dann ein zweiter. Der Hirsch war verloren. Auch wieder der elementare Fehler und Sárvárs schlimmste Birschführerkrankheit, gleich hinterherzurennen. Das sollte bereits jeder Anfänger als absolutes Verbot verinnerlicht haben! Der Hirsch hatte im Wald verhofft, wie sich an einer Schweißlache feststellen ließ. Wahrscheinlich wäre er dort ins Wundbett gegangen, und wir hätten ihn am nächsten Morgen verendet gefunden. So war er aber durch den nachkriechenden Hilfsjäger aufgemüdet worden, in diesem Fall von Tommy, der aber sicher von Após, dem schlimmsten Nachrenner, angetrieben war.

Der Nachmittag stimmungsmäßig verhangen, zumindest aber mit dem richtigen Entschluss behaftet, weiterzujagen. Klaus kam voll neuer Hoffnung und guter Vorsätze zurück in Após‘ Arme. – Robi und ich hatten abends einen großartigen Anblick. Wir sahen drei Besonderheiten: Einen Kronenspießer, einen Spießer als Teilalbino und einen an der Schwelle zur Reife stehenden sehr starken Zweiundzwanzig-Ender. Acht Enden in der Krone, die dem Geweih einen fackelhaften Eindruck gaben. In zwei oder drei Jahren wird dieser Hirsch mit Fug und Recht als kapital zu bezeichnen sein.

Der kommende Morgen – wir schrieben den 16. September, ein durchaus trächtiger und erinnerungsbeschwerter Tag – brachte weitere Trübsal für Klaus. Das Unglück ließ ihn nicht los. Er schoß einen weiteren Hirsch krank. Die auf den Trägeransatz gezielte Kugel wird zu hoch angetragen nur einen Wirbel getroffen haben. Der Hirsch brach im Knall, war für Minuten unsichtbar im hohen Zeug, um gleich darauf, auf die Läufe kommend, auf Nimmerwiedersehen zu verschwinden. Der vormittags herbeigerufene Schweißhund konnte dieses nur bestätigen.

Mir erging es besser. Mit Robi war ich wieder an dem großen Maisschlag, wo Klaus und Após den ersten Hirsch krankgeschossen hatten. Sechs oder sieben mittelalte Hirsche trieben sich dort herum und machten dreißig oder vierzig Stück Kahlwild den Hof. Und dann kam der Gebieter. Er zog gemessenen Schrittes in den Schlag, röhrte zwei, drei Mal, worauf das Kahlwild sofort zu ihm überlief. Ein sehr reizvoller Hirsch, der hier als „Abschußhirsch" klassifiziert wird. Auf der einen Seite „nur" eine Gabel … Am Alter und an der Güte des Hirsches gab es keine Zweifel. Da gerade bei Klaus der Schuß, wenn auch unselig, was wir noch nicht wußten, gefallen war, hätte ich mir erlaubt, den Hirsch zu erlegen, wenn es gegangen wäre. Robi gab sich alle Mühe, aber zweihundert Meter waren mir zu weit. Als der Hirsch eingewechselt war, machte sich Robi auf den Weg, einen Kollegen zu holen, damit wir dann gemeinsam Após und Klaus halfen. Kaum war Robi fort, zeigte sich der Hirsch wieder. Er folgte einem Stück Kahlwild, das durch den Maisacker zog, um auf meiner Seite einzuwechseln. Wäre ich frei in meinem Handeln gewesen oder wäre Robi da gewesen, wären wir auf den Hirsch sicherlich zu Schuß gekommen.

Tisch Nr. 2 blieb verwaist. „Piroschka" hatte Klaus in ihren Bann geschlagen, der Merlot tat dazu seine Wirkung – im anderen Lokal gab es nur „Riesling aus Karaffe" –, und die Rehmedaillons statt „Fettschwein" taten uns beiden gut. So fand die Sárvár'sche Henkersmahlzeit trotz Sonnenschein auch wieder – zwar nicht unter der liebevollen Betreuung von Piroschka – im Grandhotel und Sárvár'schem Wellness-Schuppen statt. Aber auch Piroschkas herbschöne Kollegin konnte Klaus zum Lächeln bringen. Am Nebentisch dieses Etablissements trifft man nicht halbbekannte Gesichter aus Sárvár, sondern russische Jungmanager von Gazprom. Hervorragend deutschsprechend, verwickelte einer uns gleich in ein Gespräch.

Bei allen schlechten Nachrichten des Vormittags gab es auch eine elektrisierende: Am Platz des Gernot-Hirsches war ein sehr starker alter Hirsch gesichtet worden. War es der Gernot-Hirsch? Er mußte es sein! Klaus sollte auf den „Abschußhirsch", den ich morgens vorgehabt hatte, jagen, der ganz seiner Vorstellung von einem erstrebenswerten Hirsch entsprach. Klaus, der am ersten Unglücksabend schon an diesem Platz gesessen hatte, hatte damals die Vision gehabt, daß der Platzhirsch noch kommen würde. Wahrscheinlich hatte der frühe Schuß den Alten nicht erscheinen lassen. Also noch einmal die Sehnen gespannt, Após war voller Energie und sagte zu Klaus: „Du nicht fahren nach Hause ohne Geweih! Was sagen sonst Frau?" Klaus lächelte, vielleicht wurden hier falsche Vorzeichen gesetzt. Natürlich ist es Após' Bestreben, nicht nur aus Eigennutz, sondern vielmehr aus Passion, den Gast zu Erfolg und Beute zu führen. Daß es Klaus bei aller Freude über einen Erfolg aber auch auf andere Dinge, wie den eines guten Anblicks, der Atmosphäre und der jagdlichen Zwischentöne ankommt, hätte er Após vermitteln sollen. Das Unglück nahm damit seinen weiteren Lauf.

Aus mir unerklärlichen Gründen fuhren die beiden nicht an den Maisschlag, wo der „Abschußhirsch" zog, sondern irgendwo ins „Berek", in den Bruch. Schon früh, bei vollem Büchsenlicht, fiel dort ein Schuß. Einhundertachtzig Meter auf einer schmalen Schneise. Der Hirsch zeichnete; in die Dickung nachäugendes Kahlwild ließ Hoffnung aufkommen.

Mit großen Erwartungen war ich Robi zum Platz des Gernot-Hirsches gefolgt. Dieses Mal anders als im vorigen Jahr von der nordwestlichen Seite. Das Feld ist dort nur von einem siebzig Meter breiten Waldstreifen gesäumt, den man auf einem bequemen Birschsteig und das Flüßchen über eine leicht schwankende Brücke quert und zum Hochsitz gelangt. Kaum saßen wir, stieß hinter uns ein Hirsch an. Eine verdammt vielversprechende Stimme. War es der Gernot-Hirsch? Ich war überzeugt. Völlig überzeugt davon war ich, als ich die unverkennbar blecherne Stimme eines anderen hörte. Voriges Jahr hatte dieser Hirsch hier auch gemeldet. Also waren die beiden wieder da. In Abständen meldete sich die gute Stimme mit einem kurzen Knören, einmal weiter, einmal näher. Hin und wieder hörten wir im Bestand Wild ziehen. Das Licht nahm ab. Merklich, sogar unangenehm schnell, wenn ich an den Hirsch dachte. Der letzte Laut war von weiter entfernt gekommen. Zog das Wild doch zur nördlichen Seite auf die Felder? Und dann plötzlich ein Schrei ganz am Waldrand. Der Hirsch mußte direkt am Rand stehen. Das Licht schwand, minütlich fiel es weg. Wieder ein Knören vom Rand. Der Hirsch mußte jede Sekunde aufs

Feld ziehen. Wahrscheinlich gelang es ihm, das Kahlwild noch im Bestand zu halten. Das Büchsenlicht war fort. Obwohl ein Schuß auf dem hellen Feld noch möglich war, blies Robi richtigerweise zum Rückzug.

Morgen früh Nachsuche. Eigentlich hätte heute Abend „Hahn in Ruh" sein sollen, denn morgen war unabdingbar Reisetag. Nicht für mich, Klaus mußte nach Hause. Da nun eine Nachsuche anstand, konnte ich noch jagen, dachte ich mir. Wenn schon nicht eine von mir verursachte Verspätung uns aufhielt, dann konnte ich aus der Not die Tugend machen und mir eine kleine zweite Chance auf den Gernot-Hirsch verschaffen. – Klaus mußte seiner Gattin die unvermeidliche Verspätung beichten. Nach dem Schlucken dieser „Krot" besserte sich die Stimmung deutlich auf. Dazu die Hoffnung, daß der Hirsch lag, denn das Verhoffen und das In-die-Dickung-Äugen des Kahlwildes blieben ein gutes Zeichen.

Am Morgen begleitete uns Klaus hinaus. Er machte sich mit Jäger Stefan in anderer Richtung auf den Weg, während Robi und ich dem gestrigen Hochsitz zustrebten. Kahlwild und ein meldender Hirsch versperrten uns den Weg. Es war nicht unserer, trotzdem warteten wir, wir wollten ihn nicht einfach wegtreten. Robi meinte sogar, es sei ein jagdbarer Hirsch. Ich winkte ab. Vom Gernot-Platz war kein Laut zu hören. Schließlich schlängelten wir uns an dem Wild vorbei, über den Brückensteg zum Hochsitz. Es war längst Büchsenlicht, und das Feld lag öd und leer. Jedenfalls vermittelte es nicht mehr den Eindruck, daß hier demnächst der Altkapitale erscheint. Mir war es recht. Es war auch ohne ihn ein wunderbares Jagen gewesen, und die Vorstellung, daß der Gernot-Hirsch hier brunftete, war ein großartiger Abschluß. Wie man sich halt so die Dinge zurechtlegt… Plötzlich ein Knören am Waldrand vor uns auf dreihundert Meter. Das war er. Nicht aber links wie gestern Abend, sondern rechts in dem schmalen Waldstreifen, durch den wir gerade gebirscht waren. Minuten vergingen. Erneut dieses dunkle Anstoßen, jetzt weiter im Bestand. Robi wurde unruhig; sollte der Hirsch doch auf der anderen Seite des schmalen Waldstreifens sichtbar werden? Robi schlich sich vom Hochsitz. Als Robi gerade im Wald untergetaucht war, erschien auf dem Feld dreihundert Meter vor uns ein Kälbertier. Mir blieb nichts anderes, als laut und vernehmlich „Robi!" zu rufen. Er hörte es, das Wild zum Glück nicht; Augenblicke später krabbelte er die Leiter wieder hinauf. Sieben Stück Kahlwild zogen schräg über den Acker. Und dann der Hirsch. Auf den

PM
2017

ersten Blick schon nicht der Gernot-Hirsch, aber ein alter, reifer, starkstangiger Hirsch mit einem fast bizarren Geweih. Wie bei einem Scherenschnitt hob er sich gegen den neblig hellen Hintergrund ab. Selbst durch das nur siebenfache Fernglas erkannte ich jedes Ende. Robi flüsterte: „Alter Hirsch!“ – Die Situation verlangte nach Handeln. Auch wenn es nicht der erhoffte und erwartete Hirsch war, war es ein reifer und sicherlich der heuer hier älteste geschaute. Wenn ich schießen wollte, durfte ich nicht mehr lange zögern, sonst verschob sich der Winkel, und die Entfernung würde damit unüberbrückbar. Robi röhrte ihn an. Der Hirsch verhoffte, der Schuß brach. In der ersten Gedankensekunde dachte ich, ich hätte ihn gefehlt, dann sah ich ihn zeichnen und hörte Kugelschlag. Der Hirsch flüchtete sichtlich krank, durchquerte den Graben, um hinter den Hecken zu verschwinden. Robi sagte „Gut Schuß. Du hier warten, ich holen Auto.“

Ich war durchaus optimistisch, doch noch war kein Grund zur Freude, wenn auch das gute Zeichnen Hoffnung aufkommen ließ. Ein wenig faßte ich mir an den Kopf, warum ich hier und jetzt und in dieser letzten Minute mit einem weiten Schuß diese wunderbaren Tage riskiert hatte. Versteh es, wer mag. Das Schicksal schien es nicht übelgenommen zu haben, sondern sogar gutzuheißen. Wir fanden den Hirsch frei auf dem Feld mit einem guten Blattschuß verendet liegen. Und vorher hatte Diana oder Hubertus – oder beide zusammen! – mir noch einen Keiler zugedacht. Er zog, als Robi gegangen war, auf sechzig Meter am Hochsitz vorbei. Er verhoffte sogar zwei oder gar drei Mal, als wolle er mich zum Schuß auffordern. Zu Pálffys Zeiten hätte man gerne darin eine Bereicherung der morgendlichen Strecke gesehen. Auch Robi fragte mich mit sichtlichem Bedauern und fast einem Vorwurf in der Stimme: „Warum du nicht schießen?!“ – Ich hatte mich aufs Fotografieren beschränkt, wobei ich erst noch den Fotoapparat aus dem Rucksack wühlen und zerren mußte – verhakt, verheddert und dennoch drei Bilder gemacht! – Klaus war zum gestreckten Hirsch gekommen, und so wurde es eine gemeinsame Freude und ein gemeinsames Bewundern mit den Jägern Robi und Stefan. Die Sonne ging auf, und das wunderbare Morgenlicht des Septembertages gebar herrliche Stimmungen: ein starker Ungarhirsch gestreckt auf den Feldern. Gábor kam und sagte sehr nett: „Kannst du nicht noch bleiben ein paar Tage …!“

Das war das letzte Erfreuliche des Tages, wenn man von der Zeremonia und ihrem Reiz und dem würdigen Augenblick des Abschieds von dem Hirsch absieht. Es war auch der heurige Abschied von Sárvár. Robis Worte klangen mir im Ohr: „Es war eine schöne Woche“. Für den einen. Der eine auf der Sonnenseite, der andere von Schatten umgeben und verfolgt. Denn auch diese Nachsuche blieb erfolglos.

Aus dem Ungarn-Verweigerer war ein Ungarn-Passionierter geworden. Und dennoch: Marc und ich kehrten nur noch einmal nach Sárvár zurück. Alles hat seine Zeit. In Erinnerung wird ein gepflegtes Revier, ein hervorragender Rotwildbestand mit starken, alten Hirschen bleiben. Diese Seiten mögen davon künden. Und die gewachsene Liebe zu Ungarn, seinem Wild und seiner Jagd wird bleiben.

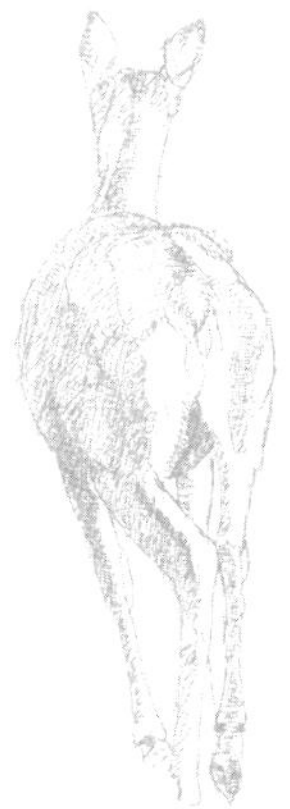

Die Geweihe

Datum: 25.9.2006
Ort: Sarvari Berek

	rechts	links		
Stangenlänge	110,5 cm	111,0 cm	Auslage	82,0 cm
Augsprossen	32,3 cm	34,8 cm	Alter	12 Jahre
Mittelsprossen	37,3 cm	50,7 cm	Nadler-Punkte	204,03
Rosenumfang	32,0 cm	32,2 cm	Internationale Punkte	220,03

Geweihgewicht mit großem Schädel 11,28 kg

Datum: 11.9.2007
Ort: Sarvari Berek

	rechts	links		
Stangenlänge	104,8 cm	105,7 cm	Auslage	60,0 cm
Augsprossen	40,2 cm	37,8 cm	Alter	10 Jahre
Mittelsprossen	41,6 cm	45,7 cm	Nadler-Punkte	193,92
Rosenumfang	28,2 cm	28,2 cm	Internationale Punkte	209,16

Geweihgewicht mit großem Schädel 10,17 kg

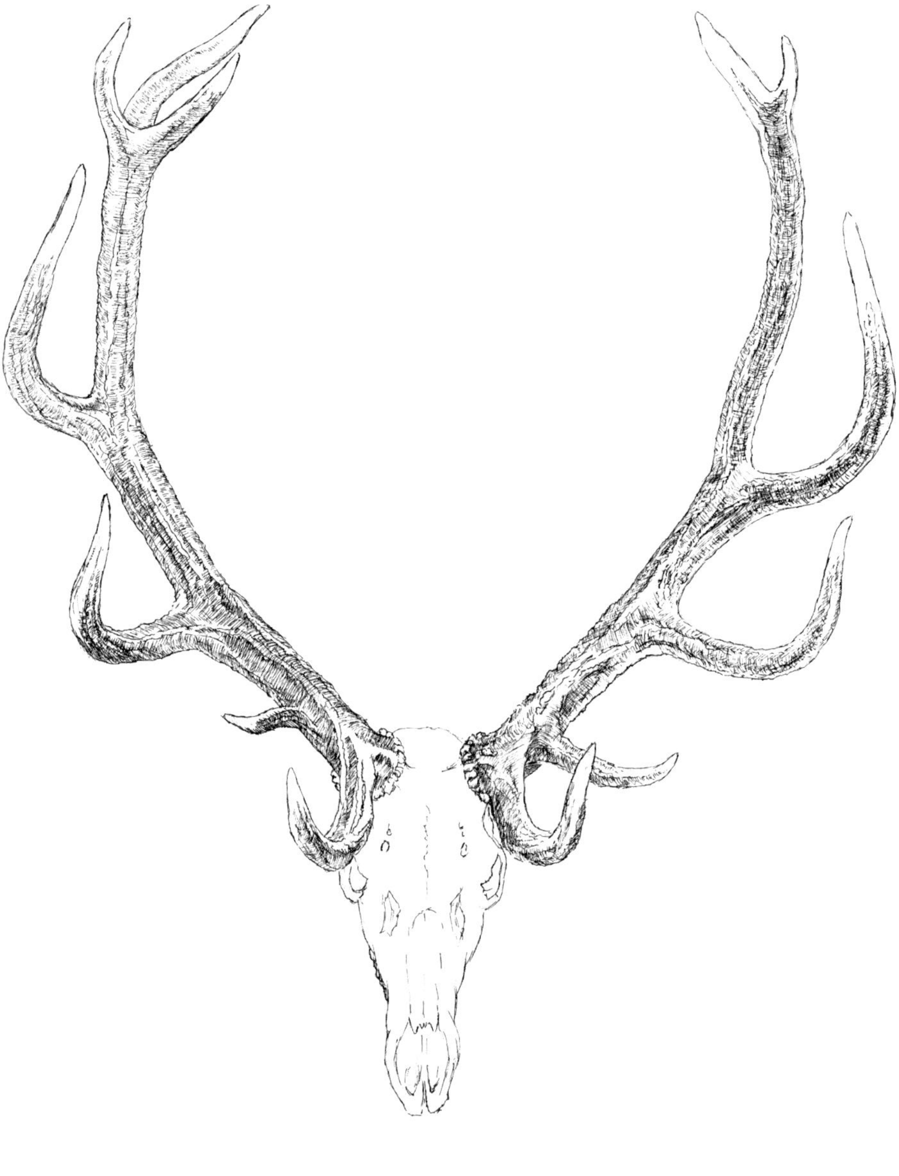

Datum: 16.9.2007
Ort: Sarvari Berek

	rechts	links		
Stangenlänge	106,9 cm	111,3 cm	Auslage	76,0 cm
Augsprossen	39,7 cm	39,8 cm	Alter	11 Jahre
Mittelsprossen	44,3 cm	42,6 cm	Nadler-Punkte	204,13
Rosenumfang	30,0 cm	29,0 cm	Internationale Punkte	218,16

Geweihgewicht mit großem Schädel 10,72 kg

Datum: 16.9.2009
Ort: Sarvari Berek

	rechts	links		
Stangenlänge	103,7 cm	108,4 cm	Auslage	82,0 cm
Augsprossen	33,0 cm	32,1 cm	Alter	12 Jahre
Mittelsprossen	48,7 cm	45,3 cm	Nadler-Punkte	199,39
Rosenumfang	30,7 cm	30,7 cm	Internationale Punkte	214,97

Geweihgewicht mit großem Schädel 11,11 kg

Datum: 19.9.2009
Ort: Sarvari Berek

	rechts	links		
Stangenlänge	103,1 cm	105,3 cm	Auslage	75,0 cm
Augsprossen	36,1 cm	35,2 cm	Alter	10 Jahre
Mittelsprossen	32,1cm	34,4 cm	Nadler-Punkte	195,6
Rosenumfang	23,8 cm	24,0 cm	Internationale Punkte	210,78

Geweihgewicht mit großem Schädel 10,3 kg

Datum: 11.9.2010
Ort: Sarvari Berek

	rechts	links		
Stangenlänge	104,0 cm	105,4 cm	Auslage	101,0 cm
Augsprossen	41,0 cm	42,3 cm	Alter	11 Jahre
Mittelsprossen	34,0 cm	31,0 cm	Nadler-Punkte	190,19
Rosenumfang	27,0 cm	26,5 cm	Internationale Punkte	202,65

Geweihgewicht mit großem Schädel 9,64 kg

Datum: 15.9.2010
Ort: Sarvari Berek

	rechts	links		
Stangenlänge	111,5 cm	109,6 cm	Auslage	79,0 cm
Augsprossen	37,2 cm	37,2 cm	Alter	12 Jahre
Mittelsprossen	46,7 cm	45,3 cm	Nadler-Punkte	199,86
Rosenumfang	27,5 cm	28,3 cm	Internationale Punkte	217,03

Geweihgewicht mit großem Schädel 10,54 kg

Datum: 11.9.2011
Ort: Sarvari Berek

	rechts	links		
Stangenlänge	107,1 cm	106,3 cm	Auslage	80,0 cm
Augsprossen	28,2 cm	28,3 cm	Alter	10 Jahre
Mittelsprossen	41,1 cm	37,4 cm	Nadler-Punkte	196,14
Rosenumfang	27,8 cm	27,9 cm	Internationale Punkte	212,28

Geweihgewicht mit großem Schädel 9,29 kg

Datum: 16.9.2011
Ort: Sarvari Berek

	rechts	links		
Stangenlänge	97,3 cm	97,0 cm	Auslage	68,0 cm
Augsprossen	44,6 cm	40,8 cm	Alter	11 Jahre
Mittelsprossen	52,8 cm	52,7 cm	Nadler-Punkte	203,82
Rosenumfang	25,4 cm	24,8 cm	Internationale Punkte	223,51

Geweihgewicht mit großem Schädel 12,98 kg

Datum: 13.9.2012
Ort: Sarvari Berek

	rechts	links		
Stangenlänge	110,5 cm	105,3 cm	Auslage	67,0 cm
Augsprossen	28,0 cm	34,6 cm	Alter	10 Jahre
Mittelsprossen	43,5 cm	37,3 cm	Nadler-Punkte	214,05
Rosenumfang	29,5 cm	28,0 cm	Internationale Punkte	229,98

Geweihgewicht mit großem Schädel 11,56 kg

Datum: 14.9.2012
Ort: Sarvari Berek

	rechts	links		
Stangenlänge	99,2 cm	99,5 cm	Auslage	61,0 cm
Augsprossen	33,1 cm	34,5 cm	Alter	9 Jahre
Mittelsprossen	51,3 cm	46,7 cm	Nadler-Punkte	186,74
Rosenumfang	28,0 cm	26,7 cm	Internationale Punkte	203,99

Geweihgewicht mit großem Schädel 8,98 kg

Datum: 17.9.2012
Ort: Sarvari Berek

	rechts	links		
Stangenlänge	103,6 cm	97,7 cm	Auslage	87,0 cm
Augsprossen	46,3 cm	48,2 cm	Alter	12 Jahre
Mittelsprossen	55,7 cm	47,7 cm	Nadler-Punkte	194,04
Rosenumfang	27,5 cm	26,1 cm	Internationale Punkte	211,14

Geweihgewicht mit großem Schädel 10,4 kg

Ein Nachwort zur Jagd in Ungarn

von Dr. Peter Meile

Die Entwicklung der Wildbestände Ungarns hat nach dem Zweiten Weltkrieg ebenso wie in anderen Ländern Osteuropas einen auffallend positiven Verlauf genommen. Vor allem das Rotwild, dann aber auch das Schwarzwild haben sich ausgebreitet, zum Beispiel in Südungarn aus den Überschwemmungsgebieten der Donau und Drau westwärts und nordwärts über das waldreiche Somogy- und Zalakomitat. Es wurden immer stärkere Trophäen von Reh-, Rot- und Damwild erbeutet, welche in den wirtschaftlich prosperierenden westeuropäischen Ländern Beachtung fanden. Was lag näher, als diese Jagdmöglichkeiten in Wert zu setzen und damit Devisen zu erwirtschaften? Damit wurde 1956 begonnen. Noch lebte man in der Zeit des Kalten Krieges, der Staat unterstützte die Vermarktung gezielt, und die sprichwörtliche Gastfreundschaft der ungarischen Bevölkerung war und ist bis heute das Rückgrat des blühenden Tourismus in allen Sparten. Die Ausbreitung der Rothirsche, die Erhöhung der Anzahl der Medaillengeweihe und die auffallende Verbesserung der Spitzengeweihe hatten zum Zeitpunkt der Welt-Jagdausstellung in Budapest im Jahre 1971 noch nicht ihren Höhepunkt erreicht.

Aber auch die Wildschäden, die wir beispielsweise Ende der 1990er-Jahre im Komitat Somogy angetroffen haben, waren gebietsweise enorm. Vor allem Sauen und Rotwild haben ausgedehnte Ackerflächen von Mais und Sonnenblumen verwüstet. Wo immer wir Wildparadiese antreffen, sind diese nicht langfristig gesichert. Die Bestände der Feldrehe beispielsweise mit ihren kapitalen Böcken hatten doch bereits in den 1960er-Jahren unter der Technisierung der Agrarwirtschaft und dem großflächigen Pestizideinsatz mit Hilfe von Flugzeugen stark gelitten. Das Jagdparadies Ungarn zeigte schon seine Schattenseiten.

Noch heute finden wir in den besten Niederwildrevieren Ostungarns keine Ackerrandstreifen, und der Gifteinsatz reicht über das Vorgewende bis in die Feldwege.

Als man begann, Maispflanzen für die Gewinnung von Biodiesel einzusetzen, stieg der Verkaufspreis von Mais sprunghaft an, dementsprechend schlagartig vergrößerte man ab 2013 die Anbauflächen von Mais, im Komitat Somogy bis auf über 80 Prozent der Ackerflächen. Um die zweikeimblättrigen Pflanzen, sogenannte Unkräuter, aus der Konkurrenz um Wurzelraum auszuschalten, hat eine massive Behandlung mit Gift wie Glyphosat eingesetzt. In einem einzigen Jahr verschwanden die Singvögel aus der Ackerflur, ebenso das Niederwild, und hunderte von Rehen wurden zu Fallwild. Das läßt sich noch heute in Ostungarn alljährlich beobachten, wobei dort weniger Mais, aber mehr andere Ackerfrüchte wie Soja und Sonnenblumen mit Hilfe von Gift gefördert werden, wenn auch vielleicht aus Kostengründen heute etwas besser dosiert.

Seit neuerdings (2010) die Wildschäden in den Feldern von den Jagdausübungsberechtigten, also auch von den großen Waldbesitzern getragen werden müssen, wurde das Jagdrecht auf vielen landwirtschaftlich genutzten Flächen an die Eigentümer zurückgegeben, die sich dann als Jagdgenossenschaften mit Eigenbewirtschaftung organisieren. Dieser Prozeß hatte schon um das Jahr 2000 begonnen. Aus den ehemals großen Rotwildrevieren entstand ein Flickenteppich von günstigen und ruhigen Lebensräumen einerseits und intensivst und mit allen Mitteln bejagten Flächen dazwischen – mit allen Konsequenzen für den Anteil reifer Hirsche und Böcke in den Beständen. Generell sind die Wildschäden in den Laubwäldern auch bei hoher Wilddichte nicht zu vergleichen mit jenen in den Nadelwäldern und Mischwäldern Mitteleuropas und der Alpen. Aber jetzt gibt es auch in Ungarn eine neue Förstergeneration, die verlangt, daß der Eichenaufschlag, beziehungsweise die Eichelsaat auch außerhalb der Wildzäune aufkommen müssen. Das wird bei den derzeitigen, zwar stark reduzierten aber immer noch hohen Schwarzwildbeständen kaum gelingen. Dafür werden die besten Rotwildreviere (selbst halbstaatliche) mit einst zwanzig und mehr Brunfthirschen im Abschußplan, so stark bejagt, daß künftig nur noch ein einziger reifer Hirsch geerntet und damit auf die Berufsjägerschaft verzichtet werden kann. Denn der vorbildlich organisierte und auf hervorragend ausgebildete und tüchtige Berufsjäger abgestützte Jagdbetrieb rentiert nicht mehr, er ist nicht einmal kostentragend. So gibt es nun auch im Wald Reviere, die das Rotwild meidet, und andere, wo es sich konzentrieren muß.

Mittlerweile hat man zwar gelernt, die Schäden an den Feldfrüchten mittels elektrischer Zäune um bis zu 90 Prozent zu vermindern. Die ungehinderte Verjüngung der Eichenwälder wird aber niemals ohne Zäune (z.B. Baustahlgitter, unten gegen Sauen abgesichert mit elektrischem Draht) möglich sein. Diese Verjüngungsflächen entsprechen ja ohnehin der schlagweisen Nutzung der Wälder, wie sie in Ungarn üblich ist. Eine Plenterung, Einzelstammnutzung oder einen Dauerwald habe ich in Ungarn noch nie angetroffen – abgesehen von urwaldähnlichen Reservaten ohne Nutzung. Es wird sich zeigen, wie lange die ungarischen Förstergehirne brauchen, bis ihnen einleuchtet, daß der auch hier gepredigte und tatsächlich angekommene Wildhass deutscher Förster nur zerstört, aber nichts bringt – abgesehen von den vielen Arbeitsplätzen, die im vernichteten Jagdbetrieb verlorengehen. Die Armut in den

Dörfern wird noch wachsen. Die Zeichen der Zeit stehen für das Rotwild auch in Ungarn nicht günstig. Die weiträumigen Rotwildpopulationen bedürfen einer behördlichen Steuerung – und es gibt fachlich ausgezeichnete Beamte. Ihre Durchsetzungskraft ist aber begreiflicherweise relativ schwach. Ebenso sind entsprechende Bestrebungen zum Wildschutz aus der Bevölkerung oder aus der lokalen Jägerschaft noch kaum spürbar oder wirksam. Statt die Lebensräume zu schützen und zu gestalten, nimmt man beim Flugwild und sogar beim Schwarzwild Zuflucht zu künstlichen Zuchtmaßnahmen; neuerdings werden in Einzelfällen sogar Rehböcke und Hirsche manipuliert. Die größte Gefahr für die Zukunft der ungarischen Wildbestände liegt in der Philosophie der Technokraten und Manipulatoren der Natur. Sie hat sich in den letzten sechzig Jahren kaum geändert – ganz ähnlich wie in Westeuropa.

Nur dort, wo das Wild über die Abschußgebühren in Wert gesetzt werden kann, haben die großen Populationen und ihre Lebensräume (die auch die Lebensräume vieler anderer Arten sind) eine mittelfristige Überlebens-Chance. Das ist der finanzielle Beitrag der Jäger an die Natur, der in dieser Effizienz und in dieser Höhe von keiner anderen Naturschutzorganisation und von keinem anderen Naturfreund, namentlich aber von keinem einzigen Jagdgegner aufgebracht wird.

Auch in Ungarn gibt es heute schon traurige Beispiele genug, die belegen, wie Wildbestände und Lebensräume zerstört werden, nicht nur durch Gift und unersättlichen Umgang mit dem Ackerboden, auch durch die neuen Inhaber des Jagdausübungsrechtes, die durchaus Methoden der Wilderei anwenden – oft genug auch mithilfe westlicher Abschußnehmer.

Dieses Buch von Baron Andreas von Nolcken mit seinen ehrlichen und unverblümten Tagebuchaufzeichnungen ist auch ein Zeitzeugnis für eine große Rotwildpopulation, deren Hirsche aus den ruhigen Überschwemmungsgebieten, Schilffeldern und Auwäldern entlang der Raab aus dem Zalakomitat bis ins Veszprem-Komitat an die Grenzen des Bakonygebirges wandern. Und es ist ein Zeitzeugnis für eine Jagdethik, wie sie schon heute nicht mehr von allen Jagdbeflissenen an den Tag gelegt wird (es gibt sie noch, aber mir kommt vor, sie werden immer seltener) und ein Zeugnis für eine anständige und großzügige Einstellung gegenüber dem Wild.

Oktober 2019 *Dr. Peter Meile*

Vom Autor, Jahrgang 1947, sind ferner erschienen:

„Jahreszeiten eines Jägers" (1989 und 2002),
„Jagd im Glanz und Widerschein" (1992 und 2004),
„Die schwarze Feder oder eines Jägers Weg" (1993)

Dr. Peter Meile, Jahrgang 1951, ist Wildtierbiologe, Maler, Verhaltensforscher und Jäger. Er arbeitet als Berater, vorwiegend im Alpenraum.

Umfangreiche Veröffentlichungen.

pmeile@bluewin.ch
www.meilepeter.ch

Illustration: Dr. Peter Meile

Lektorat, Layout, Leitung Produktion: Dr. Michael Sternath

Verlagsassistenz und Sekretariat: Angela Pleyel

Repro: Zweifel, Sargans, und Reprozwölf, Wien

Gesamtherstellung: Christian Theiss, Sankt Stefan im Lavanttal

ISBN 978-3-85208-171-7